# 高手過招
# 重機疑難雜症
# 諮詢室

TOP RIDER

流行騎士系列叢書

# CONTENTS

## CHAPTER 3

### 部品篇

摩托車上有著難以細數的部品零件，騎士也有許多人身部品，其設計目的為何？身為騎士又該如何選擇？在騎乘時又該注意什麼？怎麼調整才能讓摩托車更好操駕？詳盡的解答盡在部品篇

## CHAPTER 4

### 雜學篇

日本傳奇車手根本健先牛擁有一甲子以上的騎乘資歷，參戰過WGP等各大國際賽事，號稱摩托車界的活字典，也被日本車友們尊稱為根本老大，腦海裡所蘊藏的知識可是相當值得一讀呦

# I 機構篇

重機的車款與種類五花八門，光引擎就有單缸到六缸的分別，更別論還有單、雙搖臂，車架、變速箱等零瑯滿目的零件，嚴選各種關於機構的問題，一定能讓每位車友更全方位的了解自己的愛車，增加關於摩托車的小知識

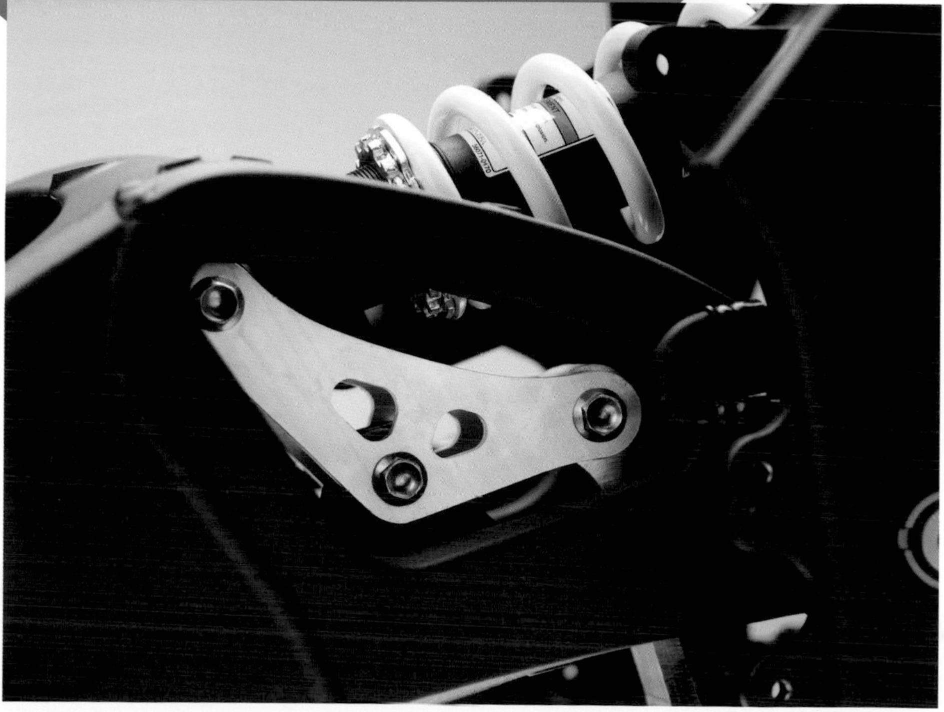

# 並列雙缸引擎的曲軸據說在設計上有許多差異？

**以並列雙缸引擎來說，在結構上共分為 180 度曲軸和 360 度曲軸兩種，究竟那一種比較好？**

## 兩者的動力反應不同

這算是一個相當不錯的問題，如果要深入探討的話也需要極大的篇幅，所以在這邊做重點整理。所謂的並列雙缸引擎，簡單來說就是把兩個單缸引擎並排成雙缸引擎結構，所以如同讀者所說地會有 180 度或者 360 度兩種相位的曲軸。這樣解釋可能大家有聽沒有懂，具體來說就是兩組活塞中一組從上到下作動時，另外一組活塞則逆向從下到上作動，這就是 180 度，而左右兩組活塞同時上下作動的就是 360 度曲軸。至於為什麼同樣是並列引擎卻有這麼大的差別，完全出於引擎的特性是以高轉性能為優先，還是以減抑震動增加運作的平順度為主，這是決定引擎性能的重要分水嶺。

180 度曲軸，連結活塞與曲軸的連桿曲軸銷，一般又稱為「大端」（Big End），與另一支並排的曲軸相互呈 180 度位置關係，簡單來說，就像是腳踏車兩側踏板的位置，永遠相互差 180 度是一樣的道理。如此一來對引擎而言可發揮非常重要的重錘效應，不僅可以和緩來自曲軸銷另一側的配重，意即活塞或者連桿的慣性往復作用力，同時也可防止因急遽的曲定抵抗變動而造成引擎熄火現象，這種重錘效應具備經常性抵銷震動的能力。

可能有人會說，既然如此，那就全部都改成 180 度的不就好了？但是這卻不適用於並列雙缸引擎上。四行程引擎結構上是採每轉兩圈爆炸一次，720 度為一個行程。如此一來如果搭配 180 度曲軸時，結果將導致爆炸間隔 540 度與 180 度，這種一個很寬另一個卻很窄的

**摩托車的騎乘感會因點火間隔而有所變化**

即使相同的引擎設計，也會因為曲軸相位的不同而有等間隔或者不等間隔的點火間隔區別，儘管這種結構並不像引擎的馬力或者扭力可用具體的規格數字展現，但確實會對於摩托車騎乘操控感有很大的影響

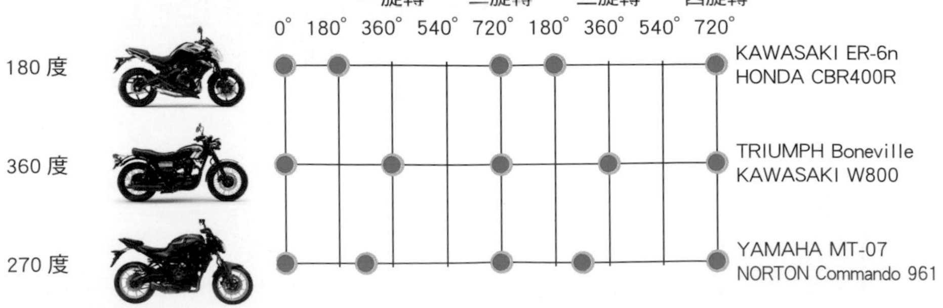

HONDA CB72

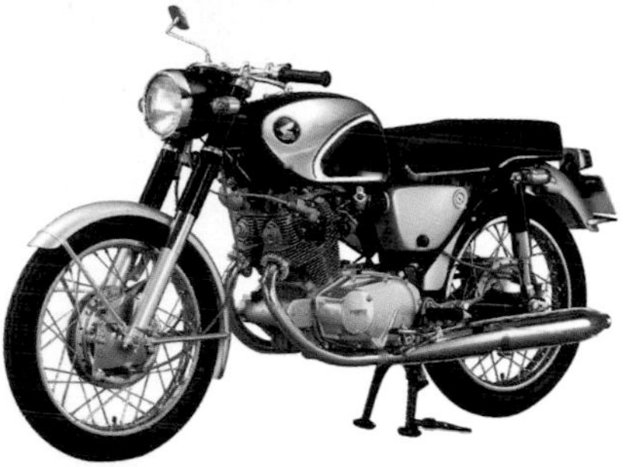

**其實以前曾經有可讓騎士選擇引擎曲軸相位的摩托車**

HONDA於1960年所推出的CB 72，在當時販售時Type1採用180度曲軸，擁有非常優良的不等間隔爆炸加速性能，不過畢竟操控難度高的引擎不是每個人都適用，所以另外推出360度曲軸版的Type2

180度曲軸

360度曲軸

# 以高轉性能為優先或是以引擎平順反應為優先

時隔不斷反覆，這樣的結構會讓引擎在低轉速起動時非常容易引擎熄火，中轉速時由於並非等間隔點火使得點火時的震動非常明顯。因此360度曲軸在常用轉速領域能夠發揮較舒適穩定的騎乘性能。

不過即使採用等間隔點火的引擎，其曲軸慣性力也是單汽缸引擎的兩倍大，所以在到達高轉速領域後會因為強大的震動而影響到引擎正常轉動，這就是為何現今的360度曲軸引擎幾乎都會在180度位置加裝回轉用的重錘。1960年代初HONDA曾經推出一款名為CB72的超跑，共有兩種型號，一款裝置的是180度曲軸、另一款則裝置360曲軸，任君選購，這種技術成分特高的設計果然在當時擄獲了廣大車迷的心。

## 有更新的設計出現

說明還沒結束喔，另外還有個例子像是DUCATI的L雙缸，也就是以90度設定汽缸角度，達成V型雙缸的270度間隔，由於對路面傳動性能優異，再加上靠平衡器解決震動的問題，並過爆炸間隔與循跡力之間的特性關係，在並列雙缸引擎方面，後來除了180度與360度以外的產品也陸續問世。時間再往前推一點還有YAMAHA的TRX以及最近的TRIUMPH都推出兩種不同款式的曲軸仕樣。當引擎設計成V型雙缸形式後，馬上讓人想到的就是哈雷機車的那種有名的咚咚咚、咚咚咚的三拍子鼓動聲浪，而日本製的V型雙缸美式引擎更是在曲軸的相位設定方面不遺餘力。從這樣的趨勢看來，如果有心想研究摩托車的規格發展，這會是一條非常有趣的道路。

# 單搖臂是否比雙搖臂更具優勢？

## 單搖臂的好處為何？會比雙搖臂還要具備優勢嗎？

### 追求力與美的單搖臂

以前在 HONDA 的 V4 系列中有許多都是採用 Pro-Arm 的單搖臂，這種方式的結構是只從單邊支撐後輪。現今包括 DUCATI 或者 MV AGUSTA 等義大利車廠、甚至 BMW 也將這種結構搭配軸傳動組合，不知不覺中歐美車款已經大量使用單搖臂的設計，但另一方面，雙搖臂結構依然穩坐市場主流寶座。

既然如此，究竟哪一種結構較具優勢？由於兩者之間的優點互異，很難一言以蔽之判斷哪一邊勝過哪一邊，即使是單搖臂結構，在重量方面其實也沒有比雙搖臂的還要輕，由於必須保持相當程度的剛性，結果就是在輕量化方面佔不到便宜，甚至還有單搖臂比雙搖臂更重的現象。

那究竟優勢在哪裡呢？除了可以確保輪軸周圍的剛性之外，更能同時保有設計搖臂的自由度，並且降低製造工序的繁複性，也就是說可以用較少的零件來製作搖臂，在確保輪軸週邊剛性方面，當雙搖臂以 90 度夾角組合而成時，為了要儘量擴大與輪軸支撐的接觸面積並且縮短寬幅，不得不變成直立伸長的形狀。如此一來，無論如何利用螺栓來鎖緊輪軸，都不可能獲得比

HONDA RC213V

**GP 廠車都採用雙搖臂設計**

GP 廠車由於必須將機械性能發揮到極致，因此都採用雙搖臂的結構

MV AGUSTA F4RR

BMW R1200GS ADVENTURE

**單搖臂具備高度剛性**
**更可自由變更設計**

單搖臂可擴大與輪軸支撐之間的接觸面積，並且可牢牢鎖定住裝置，如此一來便可獲得接近一體化結構的高度剛性，除此之外，設計自由度高的優勢讓工程師可努力減少零件所需數量

一體化更大的剛性強度，然而單搖臂可以擴大輪軸支撐口徑，並且透過圓筒狀夾鉗進行鎖定，達到既擴大接觸面積又獲得幾近一體化的高度剛性。再加上從形狀來說幾乎都採用鑄造零件，讓搖臂本身就對扭曲作用力擁有相當強度的剛性了。但由於要求的剛性越強、輪軸支撐的口徑必須越大，這就是為什麼即使是單搖臂卻無法減輕重量的原因所在了。

## 非左右對稱為無稽之談

有人覺得單搖臂的外型非左右對稱，因此在處理右側彎道與左側彎道時會有不同的騎乘特性而增加操控困難度，但是大家只要仔細觀察就一目瞭然，摩托車的設計上基本上不可能左右完全對稱，除了驅動鏈條不可能位於車體中央以外，還必須考量如何抵抗車身的扭曲作用力，結果就是採用非左右對稱的設計。更何況還有排氣管的形狀與配置問題。過去我也曾經騎過採用單搖臂設計的NR750賽車，當時的確有感覺到左右操控上的差別，原因是來自於呈四角斷面形狀的單搖臂經常往左右震動的關係，等到把外型更換為採用稱為非線形的曲線以及由各式曲面所組成的形狀後，就完全解決了震動的問題。

　最後我再大概補充一下歐洲工程師對單搖臂的看法，以義大利的DUCATI以及MV AGUSTA的工程師來說，他們認為「單搖臂在技術上還隱藏了許多的可能性，越習慣使用這樣的設計就越能提升技術，相信這也是摩托車界必須面對的新挑戰。」而BMW的工程師們則認為「在軸傳動的機械結構必須同時肩負起搖臂宿命的那一刻起，雙搖臂就已經面臨被淘汰的命運。唯有兼顧機能並且降低零件數量達成單純化目的的產品，才能從設計面上打開新的局面。」我非常贊同他們的意見！

# A 各自擁有不同的優點 並沒有哪一種比較佔優勢

# 體積小卻兼顧強大馬力的現代大型重機究竟有哪些技術進化發展？

**比較今昔的公升級車款，就會發現引擎體積部分明明有顯著小型化的趨勢，性能輸出卻得以倍增，過程中究竟有什麼樣的技術進化發展？**

## 內部結構有極大的差異

兩者之間最大的差異應該就在於引擎內部的燃燒方式和車身結構設計吧。以前為了吸入大量的混合油氣，會儘可能地擴大進氣閥的面積，如此一來燃燒室就會呈現跟屋頂一樣的形狀，因為氣閥擴大的關係，進、排氣閥門的夾角角度會跟著變大，如果是DOHC引擎的話會使凸輪軸位置往前後方向分離。後來經過技術的發展，將燃燒室表面積縮小反而能提高燃燒效率，如此一來進、排氣閥門的設置角度縮小，彷彿直直插進汽缸裡，這種結構性的改變是讓引擎的體積可以朝小型化發展的關鍵。

再加上以攻彎性能為第一優先的跑車，在設計考量方面除了車身的左右寬幅外，車身結構的緊密化一向是各家車廠努力的重點。說到攻彎性能方面，還有一點非常重要的就是當車身在回旋加速時，為了激發循跡力加強回旋力與加速性能，必須強化懸吊系統對抗高速時下沉的狀態，因此加長搖臂的結構成為目前的主流設計。

更進一步說明，當驅動力作用於鏈條時，搖臂必須對路面產生往下方推擠的作用，因此搖臂鎖點設定於較

**2013 年 ZX-10R**

最高馬力：
200ps/13000rpm(EU)

最大扭力：
11.4 kg -m/11500rpm

乾燥重量：
198 kg , 201 kg (ABS)

**1972 年 Z1**

最高馬力：
83.1ps/8500rpm

最大扭力：
7.5 kg -m/7000rpm

乾燥重量：
230 kg

①曲軸
②變速器
③前齒盤

# 縮短引擎前後長度
# 噴射系統大幅提升性能

A

高的位置，讓鏈條會堪堪削過搖臂上方，但是如果在懸吊系統在高速行駛狀態中下沉的話，會弱化原先配置所產生的效果，所以盡可能地延伸搖臂就是為了儘量不使攻彎效果受到速度影響。但大家也知道如果不縮短軸距的話，將會弱化摩托車的回旋性能，所以最佳規格就很清楚了，也就是短軸距搭配長搖臂的組合，但前提是必須縮短引擎的前後長度。因此從曲軸到離合器↓變速器↓前齒盤的裝設位置，以及在減速過程中傳導動力方向等等，以往都是一直線的結構，但最新款的設計則像是≤字型一樣採用上下位置交錯傳遞的形式來縮短傳動結構的前後長度。以總長度來說幾乎減少了三分之二。現今新式引擎可以達到如此小型化，傳動結構的改變是非常重要的里程碑。

**氣閥角度直立化**
**可縮短引擎前後長度**

以往摩托車的氣閥設計是採用大口徑及大角度結構，不過近年來跑車的發展則是朝向將氣閥角度直立化，並且將引擎結構拉直藉此縮短前後長度，這樣的結構可以提升燃燒效率，並增進引擎小型化發展

### 電子系統有助引擎進化

至於性能方面，從原本的化油器發展為電子燃料噴射系統算是最明顯的進化成績，另外像是集合型排氣管或者排氣系統等引擎周邊系統也多有創新，並以電腦程式化管理噴射系統，從引擎點火時機的管理開始，所有燃燒條件皆可透過電腦調整至最佳狀態。由於程式控制範圍亦涵蓋溫度及氣壓，對引擎性能輸出的提升有顯著效果外，無論引擎轉速轉速為何，騎士皆可輕易搾出強大扭力。

還有一點值得大家注意的就是摩擦耗損，簡單來說就是從活塞的上下運動到各軸的回轉運動等等，為了使所有引擎內部相關運動不產生耗損，現今最新式的引擎設計非常注重機件間隙與熱膨脹後的形狀變化控制。可能大家覺得微小的耗損似乎微不足道，但其實微小的耗損卻在性能輸出時具有令人難以置信的影響力。

# 重心位置的高或低 兩者間的優缺點為何

市面上有所謂的低重心摩托車以及高重心摩托車，這兩者之間究竟有何不同？

## 穩定性和操控性不同

大家常常會在相關報導文章中看到所謂低重心摩托車的穩定性較高的言論吧。簡直有如趴伏在路面上的低重心……等等説法，光是用想像的就覺得穩定性超強了。當然啦，如果摩托車只需要拿來全程跑直線路段的話，重心越低一定走得越筆直且穩定，不過摩托車騎乘除了直走以外還必須靠著騎士壓低車身過彎，這時如果將較寬的零件配置在低處的話，馬上就會磨到地面了，但是以運動性為主的跑車在強化其車身運動性時，必須儘量達到車身精瘦的設計要求，同時還必須將較重的設備如引擎等機件設置在較低位置以達到低重心的目的。

不過雖説如此，摩托車有不同的種類分別，比如超大型的休旅巡航車。這種摩托車所追求的騎乘特性並非是壓車過彎的快感，反而強調的是在筆直的道路上享受舒適的巡航騎乘駕馭感。Goldwing 長年以來就是 HONDA 巡航車款中的旗艦車，搭載水平對臥式六汽缸引擎，其汽缸朝兩側突出的設計，同時在引擎結構方面，曲軸箱以上沒有任何突起結構，完全依循低重心為打造

**休旅巡航車講究低重心**
**以直線騎乘的穩定性為優先**

重視車身直線穩定性的休旅巡航車系，往往在設計時儘可能壓低引擎位置，圖片是搭載並列六汽缸的 BMW K1600GT

BMW K1600GT

重點，讓騎士完全感受高度的騎乘穩定性。另外，就如同BMW的K1600GT一樣，即使橫向六汽缸引擎，在結構上也是採用儘量讓汽缸前傾的配置，而且在曲軸部分並非採用一般將機油儲存於底部油槽內的濕式油底殼設計，而是採用將油槽另行獨立設計的乾式油底槽結構。因此可將曲軸箱的位置打造得更低，提升了低重心化的騎乘操控。

## 追求過彎能力的超跑

另一方面，超跑車系是以攻彎能力為重點，因此在引擎位置方面，儘可能使其接近接近摩托車過彎傾角的中心軸位置。如此一來即使在快速壓車的動作下依然能保持穩定的操控感。車身的穩定性也是當然的重點，因此工程師在引擎輕量化與小型化方面也持續下功夫鑽研，儘可能在降低重心這一領域創造新的成績。

再來談到重心高的摩托車又是如何呢？以越野車來說，由於所經過的路面崎嶇不整，為了讓引擎底部不致受外物撞擊，這類摩托車的引擎設置位置都不會太低，就連懸吊部分都採用長行程結構以增加引擎離地距離，結果當然是使得車體也連帶長高，很難再把這類車款列為是低重心設計。不過這類型車款往往藉由材質的設計，讓離重心越遠的零件越輕巧，在質量上相對集中，使得摩托車的重心其實比外觀看起來還要穩定。附帶一提，這種車型即使行駛於連續彎道上，在處理連續髮夾彎道時，這種高重心位置的車型其實有提升迴旋效率的效果，而且因為是在鋪裝完整的跑道上，因此輪胎抓地力並非重點。所以這種高重心的摩托車在連續彎道的平整賽道上的表現，未必會輸給低重心的超跑。我認為這並非是優點或缺點的問題，大家應該是以車體設計概念的方式加以理解。因為低重心所以具備高穩定性的說法，僅適用於長時間保持在固定的騎乘狀態下的結果。

**超跑是以運動性能作為最優先條件**

為了能讓敏捷的壓車攻彎動作更加順暢，必須將引擎盡可能搭載於車身的側傾軸中心，除了必須致力於引擎的輕量化外，徹底將機件集中配置也是確保車身穩定的必要做法

# A 所謂的低重心高穩定度 前提是必須長時間 保持在固定的狀態下

# 乾式離合器與濕式離合器兩者的優勢與缺點為何？

**乾式離合器與濕式離合器之間有何不同？請說明一下兩者之間的優缺點在什麼地方？**

## 冷卻離合器的方式不同

我想還是先針對尚不清楚離合器有分乾式與濕式兩種的朋友們，簡單說明一下兩者之間的不同開始吧。

所謂的摩托車，其所搭載的引擎，在轉速方面比汽車還要高，而且引擎又屬於車體結構的一部分，因此在引擎體積方面的要求必須比汽車還要精密小型化許多。因此除了一小部分摩托車外，大多都採用內包數個離合器板的筒狀設計，並且以此做為小口徑化的前提。大家都知道離合器的主要功能在於出發或者換檔時，可連結引擎的驅動或者使其運作順暢。因此重要的是離合器在面對強大動力輸出時，如何精確不打滑這件事。要達此目的就必須增加離合器板的接觸面積。但是，如果只是單方面地設定為大接觸面積碟片時，就有可能發生大尺徑化後所難以避免的飛輪慣性重量問題，這會產生陀螺效應擴大的後遺症。這裡的陀螺效應在過去可有效防止發車時引擎熄火問題，確實也有不錯的效果。不過當引擎逐漸發展為多汽缸高轉速化以後，油門的開闔操作會讓反應鈍化，甚至只剩下妨礙騎乘運動性的負面要素。因此後來才開發出可分散為數個離合器板並縮小口徑的單元結構，從而發展出具備滑動式飛輪慣性重量的小型離合器。而這就是現在已成為主流的多板式離合器。

為了冷卻離合器在半離合的狀態下所產生的摩擦熱量，發展出兩種不同的冷卻方式。一種是浸泡在機油內的油冷式冷卻，又稱為濕式離合器。另一種則是像賽車的車體設計般，採外露於車體的方式以空氣冷卻，又稱為乾式離合器。

由於濕式離合器是將機構浸泡在機油之中，即使騎

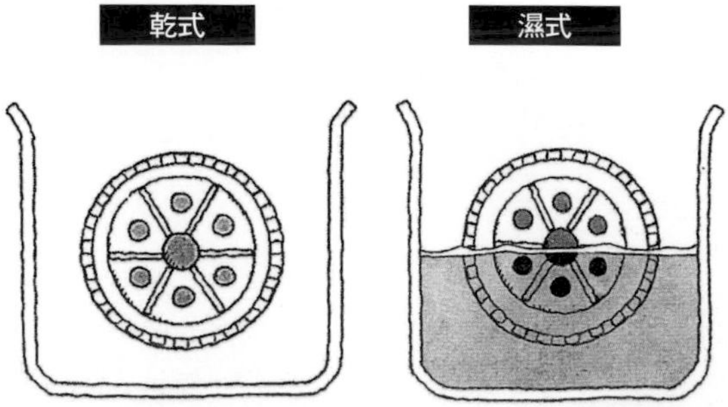


**乾式與濕式離合器兩者之間不同之處為何？**

右圖是濕式與乾式離合器的簡單示意圖。市售摩托車絕大多數皆採用將離合器浸泡在機油之中的濕式離合器。雖然在引擎轉動時多少會產生動力的阻抗，但畢竟離合器板之間的摩擦較少，在耐久度方面比乾式離合器要優異許多。

YAMAHA YZR-M1

**比賽用廠車絕大多數採用乾式離合器系統**

一般市售車由於考慮到後續的維修保養需求，往往比較不偏向採用乾式系統。但是廠車每次比賽結束後都會大部分解保養洗淨，所以沒有這個缺點。

士以離合器半開方式操控，除了可提供滑順的換檔效果外，機油亦可適時提供潤滑效果而減少機件磨耗。不過從引擎曲軸傳過來的動力就同時兼負有攪拌機油的責任。這不但成為引擎迴轉的阻抗力，受攪拌的機油伴隨著所產生的氣泡，亦有可能影響到對引擎的潤滑能力。

因此在比賽用廠車這種只以追求性能為目的之車種上，就會採用乾式離合器設計，將離合器與機油隔離開以減少迴轉抵抗。這也是為何絕大多數賽車採用外露結構的氣冷式設計的原因。不過由於離合器未受機油潤滑所以並不耐磨，必須維持定期保養程序。畢竟是以追求最大性能表現的賽用車款，每次完賽後拆解保養已經是常識，這也是為了不要影響下次的比賽。另外，在比賽起步的過程中，騎士往往會使用激烈的半離合技巧，這往往會使冷卻效果追不上溫度上升的速度，使得機件結構受高熱而突然膨脹，連帶填滿了離合器板之間的間隙，導致離合器突然咬合。

如果是有經驗的老手會以膨脹為前提操作離合器，但如果是比賽經驗不足或是操作太過急躁的話，很可能會導致離合器突然咬合而在起步後瞬間翹孤輪。如果沒有立刻關閉油門的話，整台摩托車可能會翻倒，使得出發起步不順而造成時間延遲。另外，由於採機件外露的結構設計，在怠速運轉期間切開離合器時，隨著引擎每次的爆炸脈動，齒輪之間的游隙會產生敲擊聲，聽起來就像喀差喀差或者沙啦沙啦的機件雜音。這對於很多摩托車迷來說可是難以容忍的噪音，所以要說是缺點也未嘗不可吧。

## 乾式離合器重視性能表現
## 濕式離合器重視耐磨耗性

# 何謂簧下重量？輕量化後的優點是什麼？

**在改裝車雜誌中經常可看到建議大家減輕簧下重量，輕量化後又有什麼好處？**

## 讓愛車變輕盈

所謂的「簧下」，其意指的是所有位於懸吊系統以下的各種零件套件。例如輪框與輪胎，其他還包括煞車系統的煞車碟盤、卡鉗，還有就是前叉的外管，以及後半部的搖臂等等都算在內。

所謂的懸吊系統，其最大的功用就是在面對路面崎嶇不平時，迅速的進行上下收縮回彈的動作。而這種動作是非常複雜的。在經過路面呈現很大凹陷處時，大家都知道懸吊會以回彈方式對應，然而如果後來又遇到一連串小凸起路面，然後再加上其間還隱含凹陷路面的話，要想靠懸吊系統完全吸收對應根本不可能。

除了懸吊系統外還有充飽了空氣的輪胎，在遇到來自崎嶇路面所產生的震動時，可發揮部分吸收的功能。不過仔細想想，這種靠輪胎吸收震動的現象，是來自於路面與胎面壓力之間的變化，也就是說其中隱藏著對抓地力不利的因素在內。

但是實際騎乘中的輪框與輪胎是處在不斷轉動的狀態。在這種狀態下會產生陀螺效果，意即像是一個不斷旋轉的陀螺而自行發生慣性，從而產生難以撼動的穩固維持力量。但這種力量卻對路面追蹤性造成妨礙。一旦路面追蹤性惡化，使得尚未收縮復原的輪框與輪胎直接觸及下一個凸出路面，反而使得路面的崎嶇程度更加放大。

如此大家應可了解簧下重量的重要性不言可喻。輪胎製造商也抓住這點，致力於提升輪胎剛性，希望藉由增加簾布層纏繞的厚度來達到目的。但過猶不及則可能反而導致抓地力降低，因此首先應以輕量化為最優先考量，除了儘可能採用輕量化的素材並簡化結構外，同時要求柔軟具彈性的胎體特性。以目前最新式的輪胎商品來說，在輕量化的成績斐然，幾乎只有10年前同等級製品重量的一半。另外再談到輪框，外觀看似大同小異的輪框，越接近輪框外緣

**煞車碟盤的進化從未停下腳步**

煞車碟盤先天上受到大直徑化後所產生的陀螺效應影響。因此在技術發展上除了將內盤部分盡量輕量化外，也在結構設計上下功夫。

**一併更換避震器路面追隨性將會是更高境界**

如能減輕簧下重量的負荷，即使是原廠避震也能夠明顯感覺出路面追隨性的提升。如果還能夠更換高性能避震器的話，整個騎乘操控感將提升至另一個次元。

輕巧好移動！

笨重又不靈活！

**鋁合金鍛造**

輕量化的鋁合金鍛造輪框，在旋轉狀態下即使傾斜或者恢復直立狀態，都可明顯感覺阻力較低。即使停止其轉動也無須費多大的力氣。

**原廠輪框**

在嘗試將旋轉中的輪框側傾時，感覺整個動作都很黏滯。即使想恢復直立狀態，黏滯感又再度出現。要想停止轉動也非常費勁。

# A 簧下重量越輕 路面追隨性越高

處，就越容易產生妨礙路面追蹤性的陀螺效應。因此輪框在設計階段時就必須儘可能打薄與胎唇接觸的外圈部分，並且將輪框中央輻射結構中空化。至於能夠在保持整體剛性的前提下做到什麼程度？商從設計階段到材質選用，都是各家輪框製造發揮技術研發與創新的實力展現。

另外還有一處不可忽視的地方就是煞車碟盤。相信大家都曉得當碟盤直徑越大，就表示即使在同樣轉速下盤面與萊令片之間的接觸速度越快。但是當碟盤直徑變得越大時，前述的陀螺效應也會隨時增加…所以不僅須擴大碟盤直徑，但又不能增加與來令片接觸的面積，也因此近年來碟盤中心的支架有越來越長的趨勢。其中也有部分產品採用兼具輪框的中央輪轂功能的設計。

綜前所述，透過簧下重量的輕量化，確實可以有效達到提升懸吊系統的路面追蹤能力。光是透過更換超輕量的輪框或者煞車碟盤，其所達到的效果，可與更換了數倍高規的懸吊系統相互匹敵。不過如果要處理的是更加複雜的動作時，如果安裝高規懸吊系統確實可同步提升輪胎的抓地性能，其安裝與否的前後性能差異，可以用完全不同次元來比擬都不為過。機能套件型改裝品會直接改變騎乘的安全性與性能。即使價格比較高貴，但考量到後續所帶來的效用，其實從性價比的角度來看還是非常值得推薦。

# 摩托車用的 ABS 系統是否應該安裝比較好？

**近年來新推出的摩托車有些已將 ABS 列為標準配備，是否應該選擇列為標準配備的車款比較好？**

## 安全至上

ABS 的英文全名為 Anti-Lock Brake System，其實就是預防強力煞車後發生車輪鎖死的系統裝置。大家平常可能都有後輪鎖死的經驗。即使只是發生在後輪，由於左右晃動幅度頗大，容易讓騎士產生心理負擔。如果同樣的狀況發生在前輪，則非常有可能讓摩托車直接轉倒。首先讓人聯想起來的就是在雨天路面濕滑狀態下的操駕，或者是在地面堆積沙粒而容易導致滑倒的路面狀態。即使路況沒有這麼糟，在長途機遊時也必須隨時應付千變萬化的路面狀況。比如說原本一路乾燥良好的路況，在過了一個髮夾彎後突然濕滑不堪，想必大家遇到這種路況的機率還不少。

如果路況突然改變，再加上入彎的速度剛好沒控制好，稍微過快了些、或者前方對向車道突然出現迎面而來的車子…等等，當意外狀況接二連三時，萬一騎士一個緊張不注意緊急煞車，此時煞車是鎖死還是沒有鎖死，其不同的反應將導致天差地別的結果。

對於大型摩托車而言，前輪鎖死是非常致命的狀況，因此我認為應該要裝置 ABS 系統。就算不是潮濕路面，騎乘在嚴冬的低溫路面時，輪胎的抓地力其實真的沒有想像中可靠。前輪鎖死的危險性就算是老手都沒有把握能夠全身而退，所以就連我也認為 ABS 系統對於大型摩托車騎士而言確實是不可或缺的。

當然有些藝高人膽大的騎士，擁有將煞車制動力搾到一個極限的優異技巧。確實，在前輪極近鎖死的階段是制動能力最強大的時候，如能抓到這一點的話確實能發揮出最強大的制動力。但這種神技能夠達成的先決條件，必須是在熟悉的路面上且抓地力能夠恆常保持一致，也就是說是在正規賽道上才有可能。如果是一般公路的話，想來應該沒有騎士敢冒險挑戰這麼高危險性的動作。換句話說，除了在賽道比賽

**先進的 ABS 技術讓運動騎乘更添樂趣**

軸距較短的跑車在操控時，後輪比其他車款更容易浮舉。如果配備具有前後連動的 ABS 煞車系統的話，較利於騎士壓低車身，對攻略彎道時更有利。

R1200GS

HP4

**摩托車 ABS 的始祖 BMW 至今仍不斷持續進化**

BMW 是全世界最早將 ABS 煞車系統列為市售車款的標準配備，並且持續不斷進行研究開發。現在又開發出越野騎乘時可關閉 ABS 功能的系統等可以自由變更設定的車款。

外，一般都還是以加裝了ABS系統後的煞車制動距離是最短的。確實，這套系統在發展之初時，無論是在偵測系統鎖死後的放緩到再度提高煞車壓力之間的時間差過大，以致於造成車身搖晃，光是用看的都覺得制動力一定不足，但現今新發展的系統已經可以毫無遲滯地將煞車進行連續且順暢的輸出，以致於煞車控制的能力早已超越了人力控制的極限。

## 某些車款可以取消

另外像BMW的GS系列，有些車款的設計是即使是越野騎乘也可取消ABS功能。比如像是騎乘於石礫路面、或者泥巴路上時，工程師認為反而是鎖死的車輪能夠發揮縮短制動距離的目的。或是進入彎道時，可藉由將後輪往外側甩出來動力滑胎轉向等技巧。

有件事必須提醒大家注意，那就是在過彎過程中，ABS是無法發揮其效果的。因為在已經很深的傾角狀態下，如果騎士已感覺到打滑時，恐怕還來不及等到制動力釋放就已經先轉倒了。根據傾角以及路面狀況的不同，無法一概咬定說系統完全沒效，但是基本上ABS系統是藉由實際速度與車輪轉速之間的差異來判斷正常與否，如果預設值設得太寬，將導致ABS頻繁作動，這將導致煞車制動力偏弱。另外，根據不同的騎乘狀況，廠商也開發出可自動調整此一設定值的系統。相關技術仍然持續開發進化中。

整體而言ABS系統並非萬能，但可以肯定的是如果大家騎乘時有ABS保護下一定會大大提升系統的安全性與可靠性。這當然是安全第一、有備無患的建議。當然大家都希望在ABS無需作動的狀態下享受騎乘操控之樂。但如果有什麼萬一時，ABS又是一套可做為保護騎士安全的最後防線。

# A 公路騎乘時配備ABS系統較能保護騎士的安全

# 新車所搭載的超強力制動系統對於公路騎乘是否真有其必要？

新車所搭載的超強力煞車系統，只要稍微輕握就會產生強大制動力，難免感到一絲不安，況且在一般公路騎乘時需要這麼強勁的制動力嗎？

## 練習後便能駕輕就熟

以最高時速可達近300公里的摩托車來說，其所安裝的煞車系統基本上跟賽車等級已是不分軒輊，並且可發揮出強大的制動效果。大家不妨可在低速狀態下嘗試稍微操作一下煞車制動看看，相信您應該會感受到一股好像撞牆般的猛烈制動力道。在過去我剛開始參加各項比賽時，即使裝置了超大型的鼓式煞車，同時又用盡全力緊扣煞車拉桿，但煞車系統最終還是因受到高熱而在中途喪失煞車制動力。這跟現在的系統簡直有天壤之別。因此在大家的印象之中想必已經將現在如此強大的煞車系統想像成為一種超高性能的裝置，即使只動用一根手指大概也可將前輪鎖住了吧？實際上在系統開發階段，就已經為了如何避免類似狀況發生而不斷改良進化了。

其象徵之一就是系統有自我增強的能力。大家可以試試看將輕微扣動拉桿並靜待一陣子後，會發現摩托車的制動力會緩緩增強。這個原理是當摩擦生熱使溫度上升，使摩擦係數升高後，制動效果會自然增強。這種效果在鼓式煞車時代就已經非常明顯了，不過即使發展到今日的碟煞系統也一樣保留下同樣的效果。

也就是說，煞車系統的制動力不會瞬間突然百分百發揮出來。其實仔細想想這也是理所當然的，畢竟就連職業車手恐怕也不敢操作那種一拉下去就零時差立即做出最大制動力的煞車系統吧。對於賽車選手而言，在比賽過程中應該把注意力集中在如何利用騎乘技巧在彎道上佔得先機，而不是如何小心翼翼地操控煞車制動力。或許跟大家的認知不同，不過對職業車手而言，包含引擎特性在內的諸多操控特性的上手難易度，往往是決定比賽勝負的關鍵。這也是為什麼越是新式的煞車系統，碟盤的口徑越大、但來令片的接觸面積越趨狹窄，同時推動卡鉗的活塞也採用並排的小徑化結構，就是為

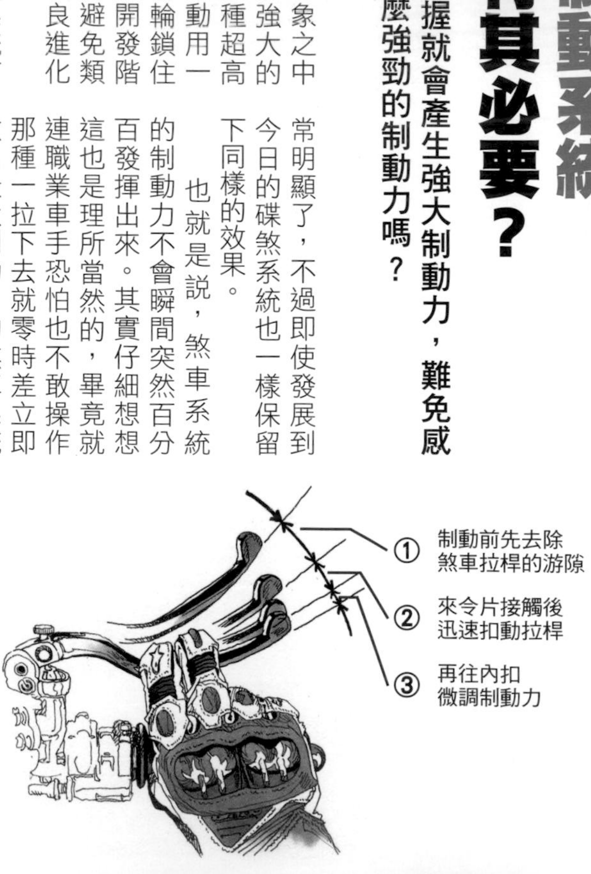
①
制動前先去除
煞車拉桿的游隙
②
來令片接觸後
迅速扣動拉桿
③
再往內扣
微調制動力

1985 GSX-R750

2014 YZF-R1

**煞車卡鉗的活塞數量還有變化的可能性**

煞車卡鉗的活塞數量各有不同，但現在四組活塞（對四活塞）已經成為業界主流。其中R1以及VFR1200F已經採用對六的形式，並且追求更高的可能性。這也證明了煞車卡鉗的活塞數量今後仍以可能持續演化發展。

# A

## 只要習慣之後就可安心操控

了避免讓來令片瞬間全面接觸碟盤。這並非只有適用於拉動煞車產生制動力的時候，在鬆緩煞車時也可預防來令片瞬間全面離開碟片致使制動力驟降。這幾年來煞車系統的發展已經越來越好操控。實際上就如同在低速階段嘗試稍微拉動煞車拉桿的目的，就是為了故意讓衝擊力有效地被製造出來。當溫度在很低的狀態下時，由於車速也低，此時制動力緩緩增強的效果是不存在的，如果只要稍微輕拉拉桿就會讓來令片全部接觸碟盤的話，就會產生猛烈的撞牆感。

也就是說，在低速時僅稍微拉動煞車拉桿就可感受到強烈制動力效果的話，根本就不可能用在一般攻彎減速時。當然啦，其實過去在本雜誌的特輯中已向大家說明過，只要緩緩把煞車拉桿的游隙消除掉，就可減緩這樣的現象。在碟盤與來令片接觸時所手感到的表面壓力所發生的行程位置開始，騎士在減速時就必須更加繃緊神經進行施力操控。不過一旦騎士開始握拉桿後，即使來令片的受力微弱也會先對碟盤造成強烈衝擊，而叉管會以此為起點產生強烈的收縮下沉動作，連帶引起一連串負面效應。拉桿的操作是從有效作動開始，僅有極短的數釐米行程空間可操控。只要騎士熟悉操作，就可以避免發生讓後輪彷彿跳離路面般強烈的制動力，避免損及摩托車穩定性。

# 半離合器操作是否會造成引擎傷害？

**我曾被休旅騎乘的同好糾正說半離合器操作頻率太高確實除了起步以外，連換檔時也常以半離合的方式操作半離合器的技巧究竟是否會對引擎造成損傷？**

## 需根據使用時機研判

半離合器的操作通常都是在起步時，不過這並不表示操作頻率增加後就會對引擎造成傷害，畢竟相關零組件並非如此脆弱，如果是在賽場上的起步，由於會在引擎輸出峰值的領域內讓離合器咬合，因此在猛烈的轉速差距下，磨耗的程度也相當可觀，不過一般日常騎乘是不會有這樣猛烈的操控的，我認為您的朋友所說的應該是技巧不純熟的半離合器操作，才會對引擎帶來不好的影響。

首先是起步。有些經驗尚淺的騎士為了避免引擎熄火，而不自覺地持續提高引擎轉速，然後才緩慢地放開離合器把手。這樣的操作方式讓半離合的狀態持續了一段較長的時間，明明引擎就在低轉速領域下還保有足夠的扭力，這麼好的性能都白白浪費了，不過如果有人覺得半離合器時間太短往往容易導致引擎熄火的話，建議大家回想看看是不是讓離合器在銜接的瞬間，油門開度其實是不夠的呢？

騎士應該養成習慣，在起步時並非先扭油門，而是應先操作半離合器待機，然後再一面扭開油門後，進一步放掉離合器，當離合器銜接時，只要在引擎還保持在低轉速領域的話，即使油門開度較大也不會有急遽暴衝的疑慮，資深騎士之所以可用短暫的半離合操作起步，主要原因就是掌握了適當的油門開度，即使在起步後遇到需要左轉而等不易維持半離合器狀態的情形下，也可發揮強大的效果，同時在過彎時也可獲得來自循跡力所產生的穩定性，建議大家一定要熟練這項技巧。

另外，在像是彎道等需要減少降檔次數，以高檔位進彎道時，許多騎士在出彎車身擺正時，往往都會下意識地操作半離合器，但這會

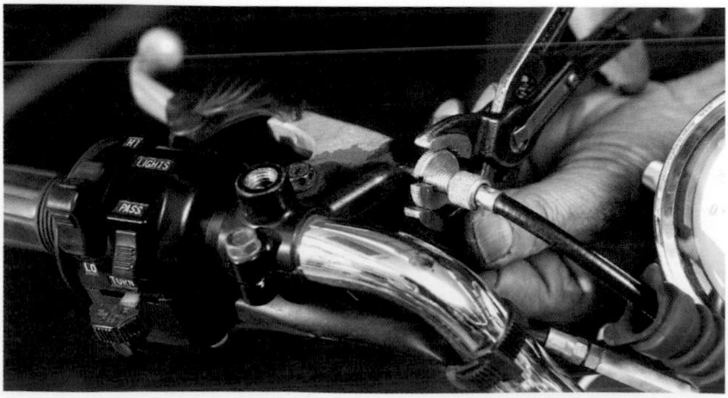


為了達到精湛的離合器操作技巧，必須針對離合器鋼絲的間隙進行適當的調校設定。距離延長的話，間隙便會隨之增加，因此殷勤地確認與調整是絕對有必要的。如果是油壓式離合器，則記得必須定期更換液壓油。

造成循跡力不足，同時造成車體不穩，實在百害而無一利。另外就是在休旅騎乘中，與起步操作不同，在騎乘狀態下的半離合器操作其實會對機械帶來很高的負荷，如果長此以往，會對離合器造成損傷。這種操作方式不僅可能會對複數片結構的離合器片及摩擦板的接觸面造成損傷。另外還有一種令人擔心的可能就是摩擦板與壓著摩擦板的離合器箱之間會因為彼此碰撞而產生損傷。由於摩擦板的咬合爪接觸的方向會隨著驅動方向加、減速變化，因此如果頻繁地受到衝擊的話，會增加此處因加減速所產生的撞擊（齒輪之間彼此因間隙所產生的不穩晃動），如此將可能降低引擎的操作順暢度而損及性能表現。

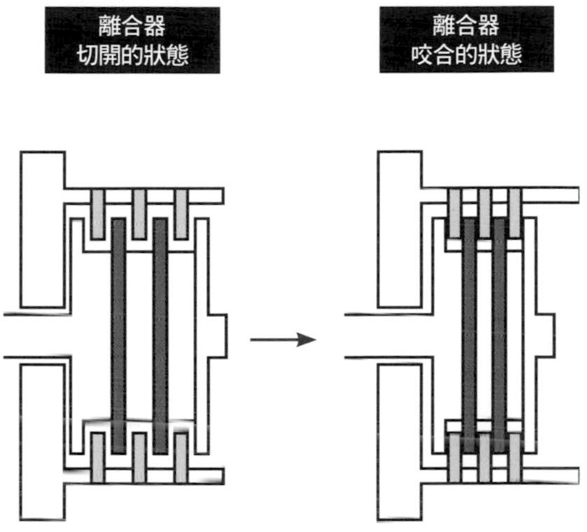


左側是扣動離合器拉桿後的狀態示意圖。右邊則是放開後的狀態示意圖。拉桿扣的越底，則離合器板之間的間隙越擴大。如此將增加離合器咬合時的震動程度。

除此之外，對於一個頻繁使用半離合器操作的騎士來說，往往騎乘過程全程都把手指掛在離合器手把上。這個小動作很可能讓系統長時間處於小程度的半離合器狀態下，而騎士本身卻不自覺。如果離合器經常處在滑開的狀態下，當在面臨引擎強大扭力或者性能輸出時，就算騎士不拉動離合器拉桿，恐怕離合器都會自動地就輕易跳檔了。

另外還有其他相關的，比如離合器若採油壓帶動的話，離合器把手的游隙往往是固定的，但如果是採鋼絲帶動的話，會隨著游隙的調校而有差距。騎士很可能在不知情的狀況下操作了半離合器，如果長此以往都未發現問題的話，可能會導致在高速時即使騎士已經大開油門，引擎卻只是發出一陣低吼後，徒然讓離合器滑開而已。

另外，我們也曾從騎乘技巧的角度說明過，整個換檔操作應該是以小動作快速操作油門與離合器拉桿，其中半離合器的操作也是在若有似無的微小行程的距離之間進行操作即可，建議大家可儘早將此技巧練熟，唯有不帶衝擊的換檔操作，才可真正維持離合器的壽命，又可獲得穩健的升降檔效果。

## A 雖然不是弱不經風的零件 但還是會因為操作不當 而造成無法彌補的損傷

# 為什麼義大利車廠對於鋼管車架總是有著不離不棄的堅持？

**如果談到跑車的車架，一般來說都是採用鋁合金環抱式車架的結構但是義大利的最新車款也都還是採用行之有年的鋼管編織車架他們對這個技術如此堅持的理由為何？**

## 堅持美感的設計

這是詢問度頗高的問題之一。義大利許多著名的車廠例如：DUCATI、MV AGUSTA的大部分車款都採用鋼管編織車架，或許有不少朋友都很清楚，已故的偉大設計師坦普利尼也是有名的鋼管車架的愛好者之一。並且一直致力於研發兼顧外觀和性能的鋼管編織車架，為了完整說明其人的豐功偉業，且容我在此再度向大家詳細說明兩種車架的演進與歷史。

首先，以結論來說，車架並不會因型式的不同而有優劣的分別。因為每一種型式的車架都在不斷的進化發展之中，優勢往往都在此消彼長，所以說各有各的好處，也都有著需要改善的缺點，因此至今仍難有優劣之判。

環抱式車架其最早的技術源頭是來自於誕生在80年代的WGP賽車發展之技術回饋。將轉向軸與搖臂鎖點之間以直線連結，換句話說就是將此兩點以最短距離連結，可提升強度與輕量化車體，再加上以高剛性的鋁合金製長方形斷面結構搭配鑄造套件的組合，將高性能與高量產性進行了完美的結合。既然優點這麼多，也難怪除了日系車廠外，歐美車廠也多愛用環抱式車架的原因即是在此。

環抱式車架有那麼多的優點，可是為什麼鋼管編織車架卻還能屹立不搖地存在於現今車壇呢？這當然跟工程師的堅持有絕對的關係。已故的天才設計師坦普利尼就因為堅持美感而情有獨鍾於鋼管車架。不過對於某些堅持原創的工程師與設計師來說，不採用環抱式車架的主要理由就是希望走非主流路線，以創新風格為優先考量。採用包覆引擎的車架結構，有別於傳統的搖籃式設計，因而產生超跑所用的鋼

**鋼管編織車架**

鋼管車架在一般人的印象之中似乎總是有很強烈的娛樂性質，感覺似乎跟主流派沾不上邊。但其實這種車架的結構強度紮實，並具備高度設計自由，同時還具備緊密扎實的外型，是一種具備優越運動性能的車架。

# 各自以不同的方向
# 競相提升感覺性能

A

### 環抱式車架

環抱式車架由於用最短的距離連結龍頭轉向軸與搖臂鎖點，因此在強度剛性以及輕量化方面具備極高的優勢，與鋼管車架同樣具備各種技術發展的優勢，彼此競相提升騎乘操控的性能。

管車架。此種車架是採用以短管組架成的小三角形結構，當有兩組以上的三角形搭配組合後，即可獲得具備強大抵抗外來拉力與壓力的結構，更何況這樣堅固的結構還會再以複數組合的方式搭建。將單一個三角形視為平面來考量時，就算引擎的結構複雜，依然有可能透過幾何學的配置達到將整顆引擎完整包覆的結構。即使像DUCAT 所搭載的大型L雙缸引擎，只要能夠只針對單汽缸範圍包覆起來的話，就可將體積大幅度降低，如此車主可獲得更緊密的車身和靈巧的操作感，進而提高運動性能。

像是 MV AGUSTA 的這種四汽缸車款也都採用極為複雜而巧妙的車架設計，一面避開汽缸與進氣系統、一面構成包覆的車架結構。不僅體積小、剛性強之外，鋼管也區分部位的不同而部分以人口徑削薄管徑方式減重，因而達成比環抱式車架更加輕量化的產品。不過由於需要焊接等複雜的加工流程，大量的人工作業與成本消耗成為此型車架跨入量產作業的最大障礙。因此在車架的選擇方面，只能說這是每家車廠對於產品開發以及考量車款市場定位後所做出的決策了。

## 剛性上也無庸置疑

無論如何，使用於超跑上的鋼管車架，並非僅是因為懷舊或少數人的興趣或堅持等似是而非的理由，而是其中包含有非常重要的技術進步以及科技進化的背景於其中。

摩托車這種交通工具，真正嚴格說起來，其實真要追求技術極致的話，絕對不會有兩種完全一樣的方向或解答。一定是同時存在著好幾種不同的方向各自發展精進，並且彼此互相競爭合作，比較看誰家能有最好的操控性能。比方舉引擎為例就好，過去也曾經有一段時間已證實唯有四汽缸是高性能證明，但現在雙缸引擎的性能也早已可與之平起平坐。所以說就算是小眾，只要真能堅持並持續開發，一定會有其可以生存的市場。堅信這樣的理念，並且不斷貫徹挑戰獨創性後，在過程中感受到進步與創新魅力的，不就是身為騎士的最大成就感嗎？僅守中規中矩的商品在現代市場已經難以再獲消費者的青睞，唯有不斷創新並提高騎乘樂趣的車款才是大家所引領期盼的。

# 摩托車的前叉為何會有正立以及倒立兩種不同型式？

## 前叉一定要倒立式的才有比較高的性能表現嗎？另外，可以將原本的正立式的前叉更換為倒立式的嗎？

### 為了追求更高的性能

首先，如果您是第一次聽到原來摩托車的前叉還有分成正立式跟倒立式的話，那我由衷建議您先觀察一下照片，比較一下其中差異。一般所謂的正立式前叉，其結構一直到支撐前輪的車軸為止，皆採鋁合金打造，結構呈現長筒狀，又稱為前叉外管。在前叉外管上方還有一根經電鍍處理過的棒狀內管。在內管中設計有彈簧結構，藉由上下滑行的方式吸收來自外部的震動，因而達到避震的效果。

大家知道當騎士大力操作煞車時，前叉是如何受到重量影響的嗎？在前胎受煞車制動而作用抓地減速時，車身會同時產生減速作用力（車身重量外加騎士體重的慣性），前叉會大幅收縮下沉。如果內管無法承受此巨大外力作用，則可能彎曲變形成「く」字型，真的到了這個地步，前叉外管與內管之間就無法平順地來回滑動了。這也是為何內管的剛性如此重要的原因。

但是內管頂部連接固定龍頭握把的三角台，從龍頭向下延伸穿過支撐前叉的手銬，長度非常可觀。這麼長的一根金屬內管想要提高剛性，往往重量也會跟著水漲船高。這也是為什麼當摩托車所配備的煞車制動力越強，就越必須搭配大口徑的內管、同時將管壁打薄，藉以維持強韌剛性的同時又能兼顧輕量化的需求。

而倒立式前叉的出現，完全打破了以往正立式前叉的設計概念。最初是從越野車用的前叉開始。為了以長行程來克服高低落差巨大的路況，越野摩托車所裝置的前叉的長度，簡直到了讓人跌破眼鏡的程度。但隨著長度的增加，其本身重量也無可避免地提高。那該如何縮短內管長度呢？沒錯，就是

當內管受到來自煞車的劇烈反作用力時，容易彎曲變形，進而影響到滑動的順暢度。因此如果裝置的煞車系統具備強大制動力時，會採用高性較高的倒叉

CBR1000 RR

CB1100

**如何分辨倒叉與正叉**

前叉的內管如果是從下方插入者就是倒立式，如果內管是從握把方向插人者就是正叉。不過有些車款此處會被車罩擋住而不好觀察，如果之前不了解有這層分別的話，建議可以應該仔細觀察看看

# A 配有強力的煞車系統往往都採用倒立式前叉

倒過來用外管固定在三角台上。如此一來內管的長度僅需比嵌合時的滑動量再稍微長一點即可。此外還可同時達到提升剛性的目的。

但是，從公路車的結構來看，由於前叉的所需行程較短，內管的長度不用那麼長，根本無法和越野摩托車一樣有著顯著的輕量化和提高剛性的效果，硬要裝的話甚至會有增加重量的風險，但工程師想方設法改良內部構造，提升阻尼性能，針對相關優勢加強開發，達成了數階段的改良與性能提升。以目前最新的倒立式前叉為例，與安裝煞車卡鉗的位置之間已漸趨平衡，減少了前叉彎曲的可能性，具有相當高完成度的開發成果，而這項亮眼的成績也間接造成只有配備超強力煞車系統的摩托車才使用倒立式前叉。

## 需要較強的車身剛性

也就是說，如果僅從摩托車所安裝的煞車系統制動性能來考量的話，其實真正需要使用倒立式前叉的摩托車並沒有那麼多。如果沒有想要將愛車改裝成跑車的打算時，很少有人會大費周章地將正立式前叉改裝成倒立式，確實倒立式前叉具備高性能實力，但對於車身剛性的要求，尤其從轉向頭開始，就比正立式前叉還嚴格，這就是所謂的過猶不及，絕不是說換成倒立式叉管就一定可提升性能，這一點請大家要特別注意。

# 為什麼比賽用廠車換檔方向跟一般摩托車不同？

**據我所知，比賽用廠車在換檔方向跟一般市售車不一樣為什麼廠車的打檔方向是相反的呢？**

## 便於過彎操控

您說得沒錯，在一般人的習慣中，打檔車換檔順序是一踩五勾，以腳尖上勾的方式提升檔位，進而提升速度。但是在廠車的世界，升檔方式是以踩踏方式達到提升速度的目的。跟一般的操作方式完全相反。不過，由於每位選手的習慣不同，也有些賽車的升檔方式是採用跟一般摩托車相同的上勾式。

不過大家比較關心的應該是究竟為何賽車的換檔方式跟一般不同吧？其實這有兩個原因。首先就是在激烈的比賽過程中，換檔疏失是一件非同小可的事情，所以能免則免。當賽車選手正在場上跟別人激烈廝殺的時候，在最需要加速力的當下進檔時，萬一檔位升不上去而只聽到引擎空轉所發出的〝嗡～〞的一聲，這就像揮棒落空一樣，馬上就被人家超越，甚至拉開差距、揚長而去。雖然只是小小一瞬間，卻是決定勝敗的關鍵。

這就是為什麼踩踏升檔操作被認為比較能確實反映賽車手操作實況的原因。雖然同樣也沒人樂見在降檔時發生操作失誤，但畢竟升檔操作所要求的精確性更高。再加上現今的換檔踏桿設計，在接收到騎士踩踏操作指令後，會透過裝置於排檔連桿上的壓力感應器，瞬間切斷引擎點火，利用這瞬間切斷驅動的機會，系統可以在無需操作離合器的前提下瞬間完成升檔程序，這是一個功能非常強大的系統。現在有部分市售超跑已經開始將此系統列為標準配備，相信大家會有越來越多接觸及習慣此系統的機會。

接下來談談第二個原因，因為在比賽過程中，選手在攻彎時需要進行升檔操作的頻率其實不低。如果在大傾角壓車過彎的過程中，選手必須先將腳尖伸入排檔

**逆向排檔與右側排檔有何不同特徵？**

所謂的逆向排檔就是排檔的上下方向與一般摩托車相反。而所謂的右側排檔就是排檔踏桿裝置在車身右側，這種結構在 60 年代曾經一時蔚為主流。

桿下方，然後將排檔桿勾起才能升檔的話，可能會讓靴子摩擦到路面，導致升檔失敗。如果只需以踩踏方式升檔的話，就不致有此問題。

## 讓騎士操駕更順暢

或許有人會認為在壓彎時升檔難道不會有危險嗎？

其實在切斷引擎點火裝置尚未開發的時代，賽車選手都藉由瞬間回油的操作方式，在不切斷驅動力的前提下，讓後輪的驅動力維持在既不減損也不爆衝的狀態，也就是在非常平順的狀態下完成升檔操作。所以在壓彎時的升檔操作是完全可能的。

**即使在全傾角壓車過彎中依舊可進行升檔操作**

比賽用輪胎在抓地性能方面遠遠超過一般市售產品。當然這也讓廠車在過彎時可達到令人難以置信的壓車傾角。當壓車傾角深度越大，車身與路面之間的間隙空間越狹窄，在此狀態下逆向換檔對選手來說是比較方便確實的操作方式。

# A 在比賽中不管什麼姿勢皆可確實操控摩托車

在我剛跨入職業賽車這行時，當時WGP賽車甚至有排氣量125cc、四汽缸加上16段變速檔位的車種，最高轉速達16,000轉，而引擎加速最佳轉速卻狹窄到僅達1000轉上下而已。這讓騎士必須不斷地反覆操作升檔以進行加速，簡直一刻都不得閒。當時並沒有所謂的電子快排，在離合器拉桿的基座部位有一個長得跟喇叭按鈕一樣的切斷點火按鈕，騎士可用左手大拇指按住此鈕，然後在保持油門全開的狀態下，反覆進行升檔操作。

不過現代引擎的加速最佳轉速域算是寬多了，而且許多人都認為在壓車過彎的過程中應該根本不會有提升檔位的需求。其實大家應該再進一步思考，針對一顆引擎，藉由回轉域與油門開度之間的操控，絕對有最佳循跡力輸出的扭力帶，而如何將其巧妙連結、使車身在攻彎過程中擺正時，能夠在維持加速的狀態下強力出彎，就是其中技巧所在。如何能將輪胎抓地力有效導引而出，也是騎士在引擎中速領域中藉由油門操控來巧妙連結的美技展現之處。

最後我們來談談為何一般市售車款是採用上勾方式升檔呢？這是因為從很久以前開始，為了讓習慣以高檔位停紅綠燈的騎士，在準備下一次起步發車時，能夠以踩踏方式降檔，是一種方便騎士的設計。不過對於習慣在停車減速期間就已經順便降檔的騎士來說，或許這種設計就不是那麼重要了。

# 規格表裡寫的 DOHC 到底是什麼？

**在型錄、年鑑等規格表記載的 DOHC 到底是什麼？另外還看過 OHV，有什麼不一樣嗎？**

## 汽門結構的英文縮寫

這些都是不同的汽門結構。在引擎的設計中，有兩組開合的閥門讓燃燒室可以吸氣、排氣，這些汽門的驅動方式因應高性能化而持續演進出各種不同的型式，有的叫做 OHV，有的叫做 DOHC。

OHV 的原意是 Over Head Valve，DOHC 則 是 Double Over Head Camshaft 的縮寫，因為 DOHC 和 OHV 同屬於一種類別，以下就從這兩個開始介紹吧。

其實汽門在引擎誕生的初期並不是像現在一樣直接設置在燃燒室裡面，一開始是以 Side Valve(SV) 的型式設置在通往燃燒室的進氣通路上，之後為了增加壓縮比，意圖提高性能，也就是直接將氣閥配置在燃燒室裡的 OHV 就誕生了，因為其位置高於缸頭，所以才稱做 Over Head Valve。

驅動 OHV 式閥門配合吸氣、排氣的時機做反復開合動作的就是一個叫做凸輪軸的水滴形小圓盤，就像小孩子的手推車玩具有著上下喀啦喀拉移動的兔子或其它動物等等，也都運用了這種偏心凸輪，它的原理是利用旋轉這個圓心到圓周的距離不同的凸輪來推動燃燒室裡的

**汽門的驅動方式逐漸演變成各式各樣的型式**

汽門的驅動方式隨著高轉速、高輸出的要求而有著極大的變化，從 OHV 到 DOHC，以各式各樣的型式急速進化。

**SV (Side Valve)**

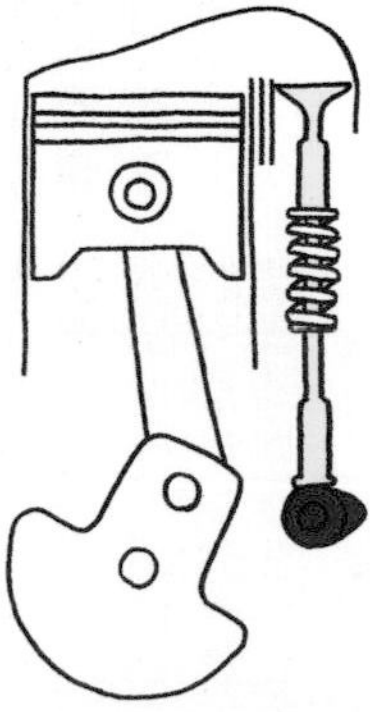

將進氣和排氣閥門並排設置於活塞側面，因此燃燒室當然無法是一個真正的圓形

**OHV (Over Head Valve)**

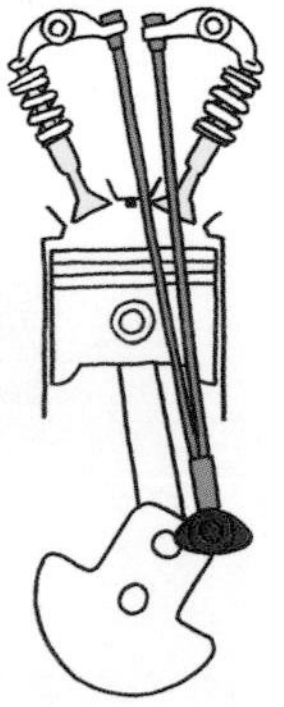

意圖讓進、排氣效率提升、縮小燃燒式面積，而將汽門直接設置在活塞正上方

**SOHC (Single Over Head Camshaft)**

為了改善頂桿式汽門在高轉速時容易產生「爆震」的問題，將凸輪移設至汽缸上方，也稱做 OHC

**DOHC (Double Over Head Camshaft)**

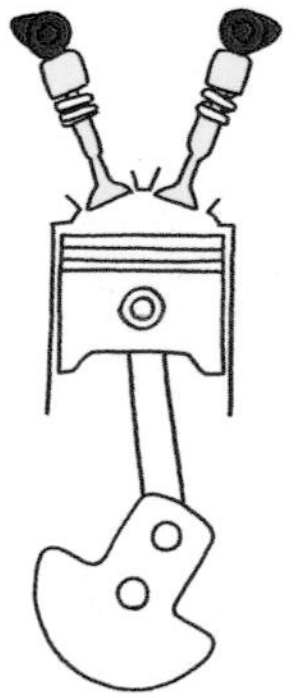

比 OHC 更能適應高轉速化的工作環境，中間省略搖臂構造，讓凸輪直接負責氣門開合

吸氣、排氣閥門，不斷重覆下壓打開，回彈緊閉的動作。

這個凸輪在曲軸旋轉兩次時會作動一次，一開始是設置在接近曲軸的地方，從這裡推動一支叫做頂桿的細長型金屬棒來讓燃燒室上方的閥門作往返運動，因此這種在傳統摩托車中依然存在的汽門型式，車迷們就稱之為頂桿式汽門。

要讓引擎性能提高最好的方式就是高轉速化，一分鐘點火3000次就代表引擎轉速為6000，如果能倍增到點火6000次，引擎轉速就會來到12000轉，雖然由於機械運轉會有一定的動能散失，但還是可以得到接近兩倍的輸出。

但是在這之間當然還是會產生各式各樣的問題，最嚴重的就是頂桿無法配合劇烈的往返動作，為了改善這種狀況，將凸輪設置在燃燒室上方，直接控制汽門開合的DOHC就誕生了。

請仔細觀察上面DOHC引擎示意圖，在氣缸最上方前後圓桶狀的護罩有著膨脹的部分吧，這裡頭就藏著前後各一支的凸輪軸；若是沒有標明DOHC的引擎，採用的就是OHC或稱作SOHC的型式，在燃燒室正上方只有一支凸輪軸，用一顆凸輪推動蹺蹺板狀的搖臂來同時控制進、排氣閥門。

兩者的差異就在於引擎轉速的容許值，SOHC引擎來到高轉速域時，會發生搖臂無法配合劇烈往返運動的情況，讓汽門和活塞對衝使引擎受損，但是它可以縮小引擎上半部的面積，汽門的調校也比較容易，如果不需要超高轉速時倒不失為一個不錯的方案。

但是現在四汽門等汽門數較多的車款，藉由增加汽門數、縮小汽門面積來達到同樣的效果，一樣能讓DOHC式引擎結構緊密化，利用簡單的搖臂構造讓保養調校更加輕易，燃燒室的形狀也因應廢氣排放法規持續進化，讓DOHC不再是高性能摩托車的專利，話雖如此，摩托車最重要的就是蘊含於其中的趣味性，也是有為了引擎外觀而放棄採用DOHC的情況，所以仔細觀察愛車的引擎外觀吧，搞不好會發現意想不到的樂趣喔。

# A 不同汽門結構的縮寫 DOHC 雙凸輪軸汽門已經流行於市場

**KAWASAKI Z2**

1972年第一台搭載DOHC雙氣門四缸引擎的市售量產車，左圖箭頭指向的地方各安裝了一支凸輪軸。

# 儀表板會全部漸漸變成數位式的嗎？

**最近車款漸漸都數位化了，非常不合胃口。但是隨著時代的演變，是不是會全部變成數位式儀表板？**

## 現代和傳統各有優點

我也覺得說到儀表板就是要並排兩個圓形的指針式，畢竟出生於流行此種型式的年代，也已經習慣了半世紀以上，老實說，面對數位式儀表板多少也有點抗拒。

但是指針式和數位式其實各有各的優點，數位式也不是單純為了追求某一時期的流行才被多方採用，內含許多為了彰顯其優點的設計巧思，自己也慢慢地覺得不能只是為了反對而反對了。

儀表板的功能可以分成兩大項：配合顯示的情報做出略判和單純只需要數值等資訊，以時速表為例，功能是用來研判有沒有超過時速限制，或是提醒自己即將超速，其實說穿了最重要的目的就是大約判斷有沒有觸犯法律速限，現行車款無論是機械式的指針、液晶顯示的指針、或是有著0㎞/h到最高速度的複合式儀表板依然為主流攻佔市場，最重要的原因是騎士需要迅速且直觀地接收資訊的緣故。

傳統摩托車採用完全圓形的簡單設計，汽車則是扇形，無論如何時速表大多以類比式的設計為主，我想之後的摩托車也不太會有太大的改變，所以不用擔心。

當然近年來的超跑或熱門車款只以數字顯示當前時速的設計逐漸增加，雖然一方面也有時代潮流的影響，但有趣的是即使有了如此先進的技術，在引擎的轉速表上，都還是採取類比式的設計，就算是MotoGP廠車也是如此，這是因為要清楚顯示最重要的輸出峰值的轉速域和超越轉速上限導致引擎點火會被中斷、無法繼續輸出馬力的轉速域，讓騎士一目了然，這樣一來，反而是數位類比式的顯示方式有讓騎士瞬間判斷的優點，在設計上也比較自由。

而且儀表板上不是只有時速和轉速表，里程數、單趟里程、油表、水溫表及油溫表，還有各式各樣的指示燈、氣溫和時間等各種讓騎乘時更方便的資訊都能利用功能鈕在顯示面板上隨時切換，這也是液晶螢幕和行車電腦持續進化後的結果，讓設計時增加了許多新的要素。

以實際騎乘旅遊來說，以前只能在腦海裡心算的預估里程數，氣候變冷或騎往海拔較高的地方時會警告路面結凍的溫度計，如果一旦習慣了其便利性，就會開始覺得「沒有的話會很不方便」，當然衛星導航等讓騎士擺脫地圖的裝置也慢慢地變成必需品，有一部分的摩托車甚至可以顯示目前胎壓，日後除了享受帶來的便利性之外，還能期待越來越多的機能被開發出來。

最後有一件事情特別令人好奇，歐洲車廠大多數採用我們日常生活很常見的彩色液晶螢幕，但日本車廠卻使用令人覺得老舊的單色液晶面板，但千萬不要覺得這樣就比較遜色，更積極地多方嘗試體驗看看吧。

# A 盡情體驗數位式的設計和方便性

## 簡單明瞭的雙環式儀錶

時速和轉速表並排，行之有年的雙環式儀表板，可以約略判斷現在時速大概是多少

## 類比和數位同時存在

時速以數位表示，轉速用類比方式，兩者混存的型式，1990 年代之後開始劇增的設計

## 全彩色面板豐富的選單和行車資訊

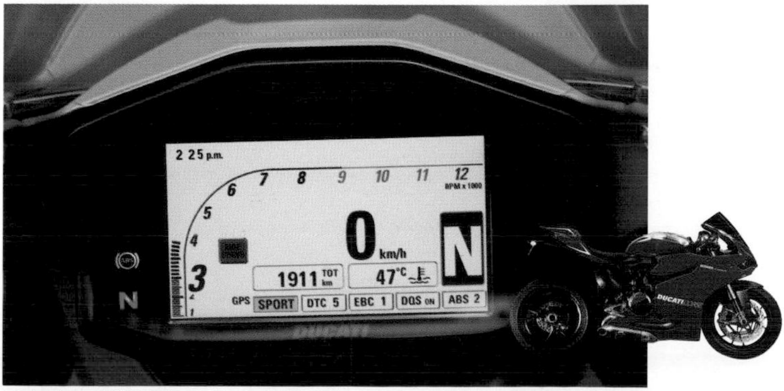


近年來逐漸往全數位化和全彩進化，另外也能進行循跡力控制系統等電子裝置的設定

# 超跑的後避震為什麼都是採用單槍呢？

## 街車的後避震多半使用雙槍，超跑則是單槍。明明馬力比強的超跑卻使用單槍的理由是什麼？

### 為了集中重心

超跑等性能為主要訴求的車款，或是包含一部分的街車，會在引擎後方的搖臂鎖點附近配置一支單槍避震，廣義來説可以分成兩大理由。

一是為了質量和重量的集中化。對於在彎道等地方利用引擎性能享受操駕樂趣的超跑來說，最重要的一點就是提升車身傾斜時的運動性，雖然將車身輕量化是有著不錯的效果，但更重要的其實是在全車最重的零件、也擔任車身重心的引擎附近一樣配置著體積龐大且沉重的零件，來實現質量與重量的集中化。對於煞車時會產生的點頭問題也是如此，倘若將大型沉重的零件裝配在距離車身重心較遠的地方時，負面效果的影響也越大，對於迴旋時各式各樣的動作來說，有大型沉重的零件配置在離重心較遠的地方時，危害也越大。

因此引擎後端部分是配置避震器最理想的位置，但為了配合搖臂上下擺動，則必須用一個叫做「多連桿」的部件和避震器連結，這支多連桿則有兩個最重要的目的。

避震器的行程越長，越能廣泛應付小到路面傳來的

KAWASAKI
ZRX1200DAEG

街車為了延續傳統的設計與外觀，多半採取雙槍避震，但就算如此，只要在避震器本體構造和裝置角度上下功夫，也能達到重視機能的效用

KAWASAKI
ZX-10R

為了提升超跑的運動性能，需要將質量與重量集中在引擎附近，於是將避震器設置在最理想的位置—引擎後方

# A 為了提高運動性能 也更容易吸收衝擊

震動與輕微的負重變化，大到飛越段差等的衝擊，但是對於超跑而言，車身的運動性可以說是其重中之重，過長的避震器容易誘使車身無意義地上下擺動，回歸靜止的時間也比較久。

## 提升操控性能

也就是說，藉由加上多連桿的單槍避震設計，可以讓短行程的避震也能和行程較長的避震一樣應付廣泛的負重變化。

各位讀者可以想像多連桿的構造是利用幾個直線的軸交互連結所組成的，仔細觀察其動作，應該就不難看出多連桿直線部分的相交角度會隨著後輪上下擺動而改變，角度越接近90度，動作的傳導速度會越快。藉由這個圓形運動與避震器做結合，讓沉底的短行程避震器也能達到和長行程避震器同樣的緩衝效果。更深入地說就是利用二次曲線的負重對應，讓行程越是收縮，彈簧效應就越強，使避震器擁有漸進式緩衝的特性。

有活用此特性，配置複雜的多連桿機構的車款，也有完全沒有漸進式緩衝的車款，但是不論哪種，單槍避震所承受的重量約莫是雙槍避震的4～8倍，構造上也比較複雜，工作環境也處於引擎後端的高熱區域，因為從外側不好觀察，容易漏看阻尼因為油封破損滲油的情況，如果喜歡攻略彎道的話，勤加保養做為支撐後輪、產生抓地力最重要的後避震，就是不可或缺的一部分了。

# 排氣管的集合方式不同會有什麼變化呢？

**我的愛車是KAWASAKI ZRX1200DAEG在換排氣管時有4-2-1和4-1等不同的集合方式說老實話真的很迷惘，兩者有什麼不同呢？**

## 效率和性能會有差異

KAWASAKI ZRX 1200 DAEG是四缸車，理所當然的在缸頭處就有四根排氣歧管，在單缸和雙缸車款為主流的1950年代，為了在WGP賽事中獲得更高的性能表現，可以高轉速化的四缸車就誕生了，從那時起到1970年代初期，消音器的數量就和汽缸數一樣，因為四缸車有四個汽缸，所以成為四根排氣管的形式，也就是所謂的基本款。

直到採用Yoshimura製4-1排氣管的CB750在美國市售車比賽中大放異彩之後，就被稱作集合式排氣管，成為改裝套件中提升性能的象徵，而四出式排氣管就逐漸失去了元祖的地位。「集合式排氣管」一詞現在可能已經沒人使用了也說不定，但是在1970年代中期到1980年代時可是風靡一世的流行用語，HONDA可是當年第一家將集合式排氣管當作標準配的大型車廠。

那麼，為什麼將排氣歧管集合起來會提升性能呢？

箇中原因就在於排氣干涉，四缸引擎會依照點火順序從燃燒室中排放出高壓的廢氣團，這些高壓氣團如果集合在一定距離內時，會因為壓力的關係，產生出一團帶著一團往前牽引的效果，讓中轉速域到輸出峰值域可以順暢且持續提升燃燒效率。

這樣一來就算調整高轉速域時凸輪開啟吸、排閥門的時機，也不會讓馬力輸出受到阻礙，從中轉速域開始就能得到猛烈的加速力，加快出彎速度，讓性能獲得壓倒性的提升。

然後還有將一號和四號汽缸，二號和三號汽缸的排氣歧管在前段先行連結，就算不處於馬力輸出峰值的高轉速域時，也能提早打開排氣閥門，減少不完全燃燒的廢氣排放，進而產生提高燃

**YOSHIMURA 集合管的元祖**

1971年美國主辦的Ontario 250 Mile Race，當時剛進軍美國不久的Yoshimura在CB750廠車上裝備著獨自開發的集合式排氣管，這就是現代集合管的元祖。

燒效率的效果。

因此從4-1式排氣管開始，加上4-2-2的集合方式，還有配合排氣的「回壓」－利用壓力之後一瞬間產生的負壓，或是讓排氣歧管在前段連結、以及在集合處的形狀下功夫，以圖產生噴射效果，提升性能等各式各樣的方法陸續被開發出來。

究竟哪一種工法的效率最好呢？這只能靠自己親自確認各零件廠公布的效果了，當然原廠的標準配備排氣管是為了讓多數騎士更好騎乘為概念所開發出來的，在一般情況下應該不會有不夠用的感覺，但是我也覺得改裝排氣管是享受四缸引擎樂趣的其中一種。

再者現在的改裝套件有用鈦合金為主要材質，讓整體輕量化，這個重量差異也會對騎乘感受有極大的影響，可供選擇的產品有很多種，希望讀者一定要多方嘗試。

在排氣歧管間設置了分流管（圖片為一號與四號、二號與三號汽缸的排氣管做連結），不難看出設計者的邏輯。想藉由設定分流管的口徑與位置來改變排氣脈動。

# A 排氣效率會隨著改變 好好體會箇中差異 所帶來的樂趣吧

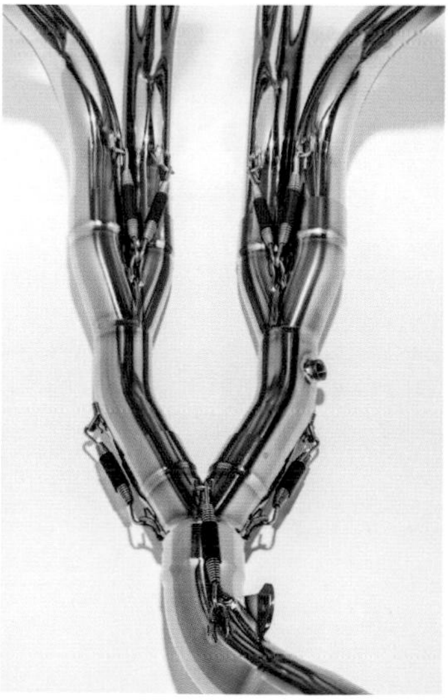

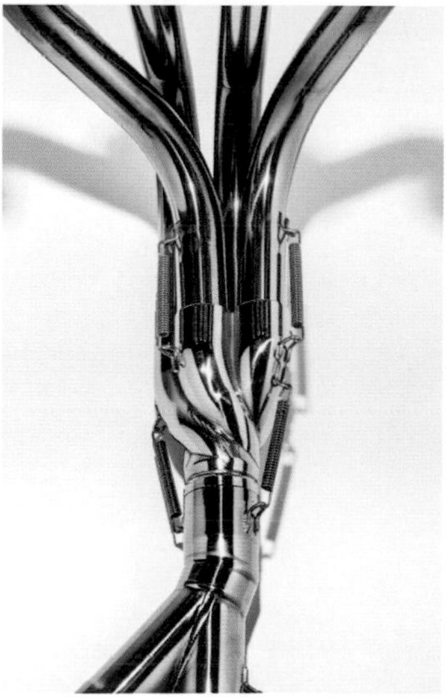

集合方式是左右排氣管性能的重要因素，左邊兩張圖的形式都是現在直列四缸常常採用的類型，選擇哪種通常會根據每個車廠不同的設計理念而有所改變。

# Q 二行程摩托車既輕巧又具狂野攻擊性 難道沒有重返車壇的計畫嗎？

**年輕時曾經在二行程車上面有過不少快樂的回憶 難道就真的因為廢氣排放標準而再也沒有重新推出的計畫了嗎？**

二行程摩托車曾經在1980年代有過一次全盛時期，易於操控的車體在出彎時，騎士可感受到來自後輪完全輸出的抓地力所帶出的淋漓暢快之感，這也是讓當年多數騎士為之傾倒的主要理由之一。除了引擎性能之外，包含騎乘操控性能在內，眾家多種車款都發展到了史上最高傑作的境界，堪稱是二行程摩托車的黃金時期，也令車迷們總是念念難忘。

但是二行程引擎在結構上就是會在爆炸時連同潤滑油一塊燃燒，宿命使然讓二行程摩托車在廢氣排放標準日趨嚴格的今日逐漸喪失了生存的舞台。

不過在1996年，義大利的Bimota發表了一款名為500V due，首次搭載了自家製的二行程V型雙缸引擎的摩托車。由於採用將燃料以直噴方式進入燃燒室內的創新式結構設計，理論上已經排除了原本二行程引擎難以克服的潤滑油與燃料混和問題，可以說是一口氣解決了廢氣汙染問題並進而成功開創二行程引擎的全新可能性。二行程引擎只要沒有燃燒機油的問題，所排放的廢氣自然就沒有汙染，在技術方面甚至可能潛藏著解決汽油引擎未來發展趨勢的可能性。

不過令人失望的是，像Bimota這樣小規模的公司無論是在商品的開發時間或成本方面都有其極限，針對一套劃時代的全新設計與產品，在完全無前例可循的狀況下，許多問題無法有效解決。雖然深受眾人的引領期盼，最後卻只能無疾而終、徒留眾人的遺憾。

# A 充滿樂趣的騎乘感受 令人回味無窮

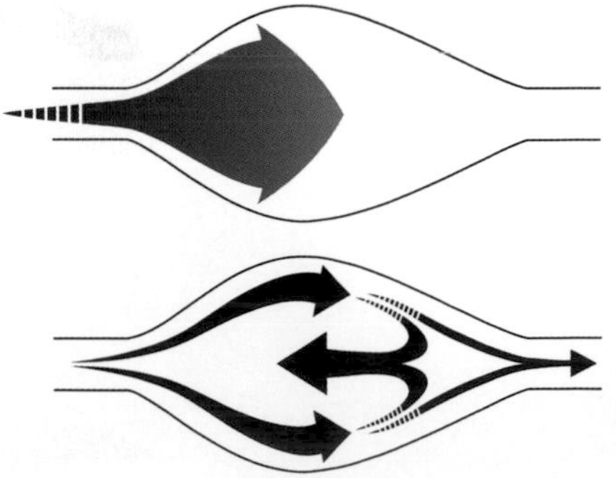

管徑較粗將使得排氣膨脹
並且增加流速

管徑較細將使的排氣反彈
回彈到排氣口

排氣管內腔的結構形狀
左右了引擎的性能

# II 操駕篇

游刃有餘地操控摩托車是每位車友們的目標，操駕篇收錄了各式各樣的操駕問題，舉凡循跡力的激發方式、雨天操駕、重心移動、小幅度轉彎等等，讓車友們除了騎得帥氣之外，更能騎得安全

# 明明在進彎時都已經追到對手 為什麼出彎擺正後又被拉開距離？

**跟朋友一塊進行賽道騎乘，明明在進彎道時已經追上前車進彎時的操駕還算不錯，可是在出彎擺正後卻又被拉開距離想請教在出彎擺正時的技巧**

## 時間差的關係

相信流行騎士的讀者們在跟朋友們一道進行休旅騎乘時，一旦進入山路林道路段，就算沒有相互競爭的意思，但至少也希望彼此保持一定的間距，不要被同伴遠遠拉開。只要不是勉強自己硬擠出不必要的危險操控，相信大家一定可以在過程中享受到騎乘操控之樂，同時又能給自己帶來自我提升的成就感。只不過大家必須要建立一個觀念，那就是在進彎時可以追上前車，而在出彎擺正時距離又會被拉開的現象是完全正常的，如果不了解這一點，恐怕大家會一不小心就踏入危險騎乘的紅線區而不自覺。

為什麼會這樣？因為前後車間距離的是取決於前後兩車彼此相對速度的不同。舉例來說，以時速60公里保持5公尺距離騎乘的前後兩台摩托車，當前車準備進入彎道前開始減速，後車由於尚未開始煞車減速，所以兩車間距當然會縮短。不過由於後車馬上開始進入煞車減速的過程，因此兩車之間的間距會縮短2公尺並進入彎道。當前車領先出彎並且開始擺正加速後，此時兩車之間的間距又會開始拉大。接著後車出彎並開始加速後，如果兩車之間的間距又回到5公尺的距離，我們就可以說這兩台車是以同樣水準過彎。這樣的分析聽起來很合理吧？不過如果是騎士當事人，恐怕就不是這麼認為了。

最典型的例子就是在賽場上，即使前後兩台車之間維持完全同樣步調且只有一秒的差異，以時速200公里計算，等於是每秒可以跑到60公尺的距離，這樣的速度造就了兩車之間的間距。當前車來到彎道後速度降低到時速100公里時，前後兩車的間距就只剩一半。然而當前車過完彎道再度將速度提

在煞車制動的過程中明明已經縮短與前車之間的差距了，但是一到了彎道出口卻發現又被前車拉開距離，這種錯覺在騎乘過程中很可能造成致命的誤解，大家一定要多加注意

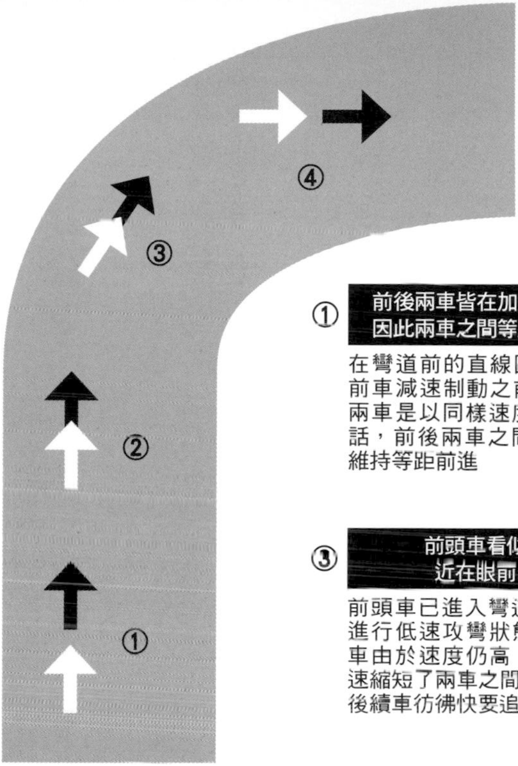


① **前後兩車皆在加速過程因此兩車之間等距前進**

在彎道前的直線區間，在前車減速制動之前，假設兩車是以同樣速度前進的話，前後兩車之間應該是維持等距前進

② **前頭車因為制動減速而縮短了兩車之間的距離**

前頭車開始制動減速，後續車因為尚未開始制動減速過程所以兩車間距開始縮短，感覺上好像是慢慢縮短了兩車之間的距離

③ **前頭車看似近在眼前**

前頭車已進入彎道內開始進行低速攻彎狀態，後續車由於速度仍高，因此加速縮短了兩車之間的距離，後續車彷彿快要追到前車

④ **前頭車已經進入車身擺正開始加速狀態**

已經完全出彎的前頭車開始擺正車身，並且立刻加速，然而後續車卻仍停留在彎道內無法提升速度，前後兩車的關係又回到進彎前的狀態

# A

# 常常會陷入的迷思 但實際上前後的速差 並沒有不同

升到時速200公里後，兩車之間的距離就又慢慢拉開，如果彼此還是相距60公尺的話，那就證明兩車的步調完全相同。但是從緊追在後的車手角度來看，在操作煞車後努力縮短與前車之間的距離，卻發現好不容易縮短的問距又被拉大。不明究理的人可能還會以為是前車的性能比自己的好，比賽完後還會向車廠或工程師抱怨，希望可以再提升自己摩托車的性能哩。

或許該說這是一場致命的迷思吧，有很多發生在彎道的撞車意外其起因都是因為攻彎時後續摩托車在出彎擺正時發生High-side轉倒之故。這絕對不是單純的意外而已。當然啦，後續車手如果在擺正時確實掌握迴旋加速時機的話，確實可縮短間距，但如果發現車間距離已經明顯縮短時，切記一定要提高警覺，因為自己的速度已經比前車還要快了。

# 經常在雜誌或網路上看到循跡力 請問該如何激發或使用呢？

循跡力一詞總是讓人跟競速的技巧聯想在一起 但對於喜好休旅騎乘的人而言也應該要學習嗎？

## 每種騎乘方式都適用

循跡力這一辭彙，確實以非常高的頻率出現在流行騎士的各項篇幅內，而現在不只在流行騎士，許多地方也能看到。因為到了1970年代以後，一般的運動摩托車終於發展到了可以進行壓車過彎的騎乘操控的程度。

在壓車過彎的技巧中，最重要的基礎就是來自於摩托車的循跡力，另外也可説是驅動力，也就是讓摩托車加速、使輪胎咬路路面、產生一股輪胎好像往地面用力踹出的感觸，優點是可增加迴旋中的摩托車的穩定性，讓騎士更加確實地朝著目標方向過彎，這一點相信大家也都很清楚。

舉例來説，在看到彎道出口之前，絕大部分的騎士習慣以部分油門控制保持車速不致突升突降，並且傾向於將油門開度控制在一定的程度，不過在此狀態下車身的迴旋只能隨波逐流，其實騎士並非以自我意志在操控摩托車。想要改善這點的話，可以嘗試在彎道入口處以有把握過彎的速度再低一點開始回旋，在出彎擺正時才能利用多出來的空間提早啟動加速操作，讓穩定的狀態保持得更加長久。

儘管如此，像大型摩托車這種擁有龐大性能輸出的機器，只要一瞬間的加速就有可能超越了過彎需要的最高速限，因此引擎在低轉速狀態下進入彎道，後來再緩緩將油門開大的操控方式就可收到不錯的效果。

如果是四缸引擎的話，低轉速域的引擎點火脈動明確易於掌握，可發揮讓車輪對路面擁有緊抓不放的效果，不僅只有循跡力的效果而已，大家是否知道當騎士開啟油門時，在摩托車的整體結構設計上，其實是讓輪胎傾向於往路面貼得更緊、抓得更牢的。

### 從低轉速域開始轉開油門

為了要更加明顯地感受循跡力，原則就是在低轉速域時轉開油門。如為1000cc的四缸引擎，最好是在2000rpm左右再高一點；即使是雙缸引擎，最好也先降至3000rpm以下。雖然彎道曲率與長短皆有不同，不過可以試著使用四檔或五檔、先從低速來進行測試。

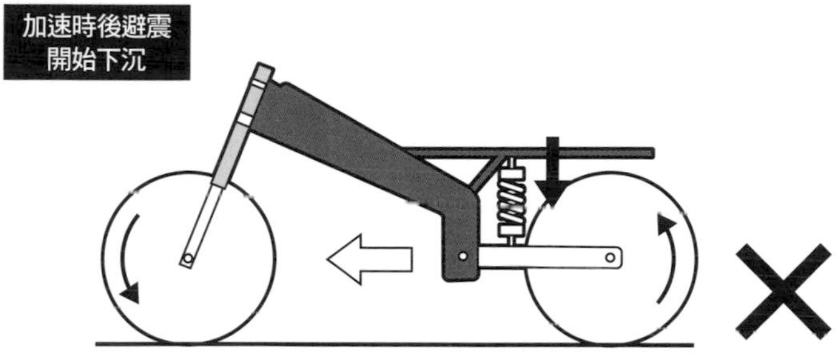


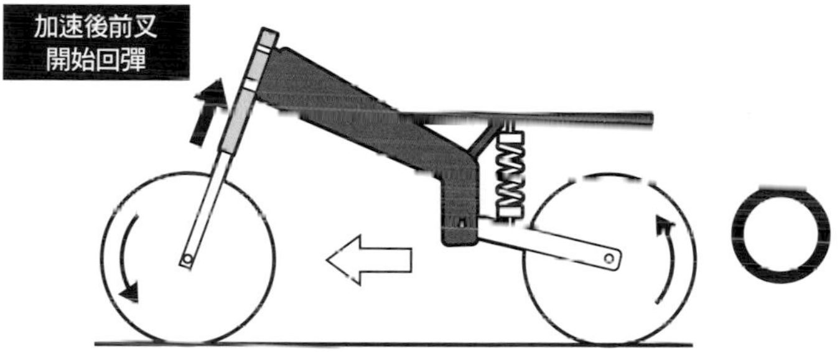


**轉開油門後
前叉會先回彈**

即使車身受到加速反作用力，後避震也不會下沉，再加上前叉會回彈，所以車身會有浮舉的動作。這一連串的反應對騎士而言反而會錯認為後避震下沉。不過在80年代初期的日本摩托車中，確實存在有轉開油門後，後避震反而會朝下沉方向作動的車款。

## 可以提升抓地地

絕大多數人都以為摩托車在加速時，後輪懸吊會因受力而下沉，但實際上當摩托車加速時會有後避震下沉的感覺，是因為前叉回彈而讓騎士有相對性錯覺。其實這時後避震會往上頂撐，也就是說車身加速時，後避震會回彈將坐墊往上支撐。大家不妨仔細想想看，如果車身在迴旋時加速的時候，萬一搖臂往收縮的方向作動，那輪胎不就會在瞬間跳離開路面了嗎？

因此在設計車身的時候，工程師會將搖臂鎖點往上挪動到比負責驅動傳動鏈條的前齒盤再高一點的位置，如此一來當車身開始加速後，會讓搖臂往力距較短的地方、也就是往路面方向動作，也就是透過相對位置關係來達到設計要求。這樣的設計又被稱做為反下蹲角設計，也就是一種避免車身下沉的設計，是車身設計中非常重要的要素。

沒錯，循跡力不是專門只為了飆車的技巧，但卻是讓車身即使在壓車傾角不夠深時，依然可以安心進行騎乘的重要關鍵。建議大家一定要嘗試在這種沒有風險的條件下，實際感受這種穩定感倍增的感覺，在引擎低轉速領域進入彎道，並且儘可能提早大開油門，儘早將此一操控技巧完全上手。

# 即使對於休旅騎士來說 循跡力也是一門 重要的騎乘技巧

# A

# 該如何用著恰當的速度開始壓車切進彎道

**老是在彎道入口前過度減速，以至於只能用著較淺的傾角入彎應該是自己難以克服恐懼的心理障礙，請問應該如何改善呢？**

## 警戒心並非壞事

這個問題出現頻率很高，應該是很多車友心中共同的疑問吧？不過我想您應該不會想說在一般公路上也能展現出比賽轉播時看到的那種充滿驚險刺激的全傾角壓車過彎、甚至還能超車的美技吧？儘管全傾角壓車過彎確實有著特別的醍醐味，但絕對要慎選操作的場地，建議一定要在合格的賽道上才能真正享受騎乘之樂。

至於您所提到的在彎道入口過度減速的問題，按照您本人的說法是因為心生畏懼，但是讓自己保持一定的警戒心並非壞事。或許說出來沒人要信，但其實即使是現在的我，每次攻彎時的心情都還是會帶有點恐懼感，在我剛踏入車壇時，總是對那些敢高速衝進彎道的人感到欽佩不已。但摩托車並不是拿來是練膽量的工具。如果僅憑一股匹夫之勇去玩車的人，結果往往都是因為發生意外事故而幾乎餘生都與摩托車無緣了……。想當年我在經驗尚淺的時候就開始下場參加各種大小比賽無數，成績越往上爬反而越發現自己對騎乘操控所隱含的風險感到恐懼。但透過經驗的累積以及技術的進步，才讓我至今仍能平安享受騎乘之樂。雖然仔細想來都是老生常談，但畢竟經驗不足的人跟具備高速騎乘能力的人，兩者之間的差距過大，感覺似乎不是一個標準可以衡量的問題。

哈哈，真不好意思，一不小心就講了這麼多好像在說教的話。不管怎麼說，除了希望大家能夠一點一滴累積騎乘操控技巧之外，也希望能夠提升對事物的理解力。我給大家的建議是應該先將精力集中於在往彎道出口處車身擺正時的回旋加速與操控。不要分心去管壓車傾角到底是淺是深，在扭開油門後不要硬扛加速反作用力，讓身體將重量順勢集中於後輪，並且用心體驗後輪受到擠壓增強抓地力的感覺。在感覺建立後，再開始嘗試加深壓彎傾角。唯有經過這樣一連串的嘗試，騎士才能確切了解摩托車何時處於穩定狀態，並且建立對摩托車掌控的信心。

一旦當騎士具備掌握車體擺正時的操控訣竅，就具備享受騎乘的刺激與樂趣的入門資格，在進入彎道時的技巧掌控也會持續精進，不過往往山道騎乘時出現頻率最高的就是盲彎。跟賽道騎乘時不斷反覆處理固定路線與彎道的情況完全不同，既然無法看清彎道出口的狀況，當然就不可能在彎道入口做出積極的攻勢。至於該如何提升騎士的理解力呢？

**即使進彎道時心生恐懼**
**也要重視出彎擺正的操控**

在山道騎乘時面對盲彎道的機率非常大。此時絕對禁止隨意提升進彎速度，以免招致不測。首先應該重視出彎擺正時的迴旋加速操控，並且隨時謹記在心。有如此心裡準備的話，至少可以稍解進入彎道時的恐懼心理。

# A 將注意力集中於出彎擺正的迴旋加速

我認為解答之道就在於能應付所有可能狀況的騎士的步法。

舉例來説，當看到一個右轉的盲彎時，首先騎士應該瞄準彎道起始點附近的中線，然後自彎道外側（左側）朝內側（右側）輕微傾斜，並且改變行進方向。接下來進入彎道後，稍稍往外側靠攏，一面觀察前方狀況，一面嘗試以適當的傾角角度開始壓彎。只要不是那種曲度太大太深的彎道，絕大多數的彎道都具備足夠的餘裕空間可讓騎士輕鬆應付。大家可以先來享受一下前述車體擺正時加速操控的樂趣。如果無法順利過彎的話，騎士可持續往中線靠近，接下來以稍微擺正車身的操作方式稍微往外側靠近，然後再次嘗試壓車。

在等到這一連串的操控技巧熟稔後，日後在處理彎道時，騎士就可自行判斷初始入彎時的角度深淺大小了。另外在進入彎道後，也可透過觀察彎道外側的道路邊緣狀況來掌握前方彎道深淺。針對每次不同狀況反覆練習壓車過彎操控後，騎士最終將養成習慣，在下意識狀況下僅需單次壓車即可處理幾乎所有類型的彎道。如果再加上累積足夠的對應能力，過度降速過彎的狀況也可有效減少。不過儘管如此，建議大家還是應該減少急煞的操作模式，儘量多預留一些煞車安全距離。整個攻彎過程中最令人有成就感的就是擺正車身瞬間加速的一刻。大家一定要切記貫徹此一原則的重要性。

騎士並非機器，必要時就是得花時間讓身體自然抓住感覺。很多在賽場上所出現的美技，事實上也只能在賽場上才做得出來，千萬不要認為自己在一般公路或者山道上也可有樣學樣，騎乘摩托車的時候永遠要將安全放在第一。

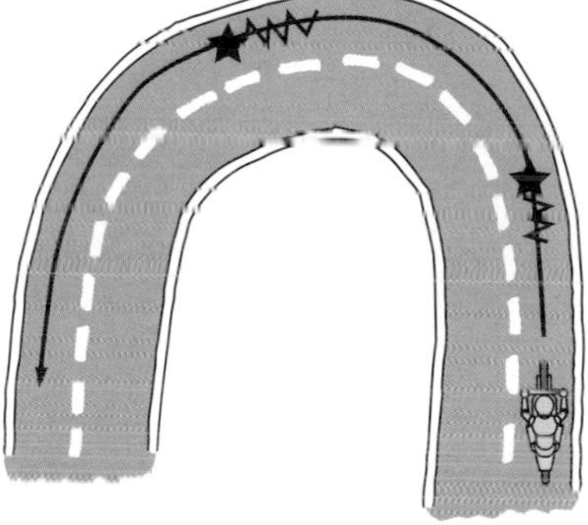

如果在進入彎道後才赫然發現彎道曲率比想像中還大的時候，冷靜地輕扣煞車，然後稍微移往彎道外側小幅度擺正車身，然後再一次轉換行進角度即可。

# 請問下雨天時該怎麼駕馭車輛比較好呢？

**下雨天路面濕滑，腦海中的打滑恐懼症總是揮之不去有沒有不會害怕的行駛方式呢？**

## 盡早提前煞車減速

因此也是有人採取下雨天就不騎車這種極端的方式，理由不外乎是太危險了、愛車髒了回家洗車也很麻煩，下雨天騎起來又毫無樂趣可言……等等，話雖如此，當隔宿旅遊的時候，也無法保證不會碰到天氣預報失準下雨的情況。在因雨濕滑的地面上的確會比較害怕打滑失速而陷入恐怖感的泥淖裡，但是恐懼和緊張感其實是一種很正常的自我防衛本能，雖然我很能了解想擺脫恐懼的心情，但建議還是不要這樣想比較好。

所以我們就先來談談雨天騎乘的訣竅吧，下雨天時路面比較濕滑是理所當然的，所以嚴禁輕率的操作，但是警戒心過重到連必要的操作都無法完成的話也很危險，例如無法確實減速、順利過彎……等等初學者比較容易犯的錯誤。

以煞車為例，害怕前輪打滑轉倒而畏首畏尾地使用煞車的人所在多有，於是無法確實減速，最後只好急忙緊扣導致摔車的危險性劇增，特別是現在多為碟煞，碟盤經過下雨冷卻後磨擦係數降低，會有在一開始感覺不到效果，但經過一秒左右後才磨擦發熱產生效用的特性，所以一開始控制煞車拉桿的方式不是小心翼翼緩緩操作，而是迅速敏捷地扣動，然後確認一秒後的煞車效用，如果突然感受到反作用力時的撞牆感過強時，還是有充裕的時間來減緩煞車力道也不至於打滑轉倒。

另外在彎道出口大手油門，讓加速狀態引導出循跡力對濕滑路面的騎乘更為重要，如果這裡也還是用首鼠兩端的方式操作油門，反而無法得到循跡力，所以用著自己覺得絕對不會打滑的壓車傾角，讓引擎維持低轉，或是怠轉轉速再多個2000轉也沒關係的轉速域開始迅速地將油門轉開一半以上試試看吧，這樣一來後輪可以吃進路面增加抓地感，較淺的傾角也能強而穩定地過彎，而且在低轉速域催油門的話就算後輪稍微打滑也不會像處於輸出峰值時馬力扭力會急遽上升，聽到引擎聲音不對勁時再回油也還是來的及。

不敢壓車傾斜應該是讀者最大的煩惱吧，腦袋一直想著無法過彎導致曲線外抛，

**雨天操駕的要決就是不要操之過急**

下雨時因為抓地力減弱的關係，嚴禁急煞車、急加速的這個「急」的動作，過彎的場合也是，在彎道前半段以較淺的傾角確實改變行進方向，保持不疾不徐的操作方式才是最重要的。

碟盤表面有水滴的話，要注意握住拉桿煞車也不會馬上生效，如果因為覺得制動力不足更大力地扣動煞車，導致碟盤突然發熱，煞車力道急劇增強，下雨天的操駕鐵則是要提早開始減速

濕地
扣住煞車拉桿
在碟盤乾燥前還會滑動一段距離
煞車徐徐開始生效
停止

乾地
扣住煞車拉桿
煞車馬上開始生效
停止

或是硬要模仿常見的上半身側掛滑進彎道內側的方式，這姿勢在速度較高的賽車場過彎是相當有效，但是在一般公路低速的髮夾彎使用的話多半會更難過彎。

## 避免身體僵硬

就算是在濕滑路面還是要有一點點的傾角才好，不讓車輪有某種程度的傾斜的話還是會無法過彎的，話是這麼說沒錯，但究竟要用多大的傾角才能過彎呢？不如來試試下面的方法：來到進彎處時就算採用同傾的方式也無妨，試著讓彎道外側的膝蓋輕輕敲擊油箱吧，膝蓋從夾緊油箱的姿勢離開約一個拳頭的距離，往內側輕輕揮擊的感覺效果會更好。

如何？感覺到摩托車開始輕巧過彎的話就沒錯了，就算只是這麼一點點的角度摩托車也會順利過彎。

其實因為緊張和寒冷的緣故導致身體僵硬，無法順利操駕才是最嚴重的問題，不只是手臂，連上半身和腰部都過於緊繃的話，身體無法配合車身輕微地上下晃動，會讓接觸路面的輪胎因為微弱的負重變化使抓地力減弱，雖然只有些微的差距可能無法清楚形容，但不論是擁有高性能避震器的摩托車或是一般車款都會有一樣的問題，如果不配合車身律動確實擠壓輪胎緊貼路面的話，過彎性能就會大打折扣，所以記得不要出力，如果感到身體緊繃的話就稍微活動一下兩肩和腰部，時常提醒自己不要緊張吧。

# 消除緊張感 避免莽撞的操作

# A

# 有沒有減輕疲勞騎乘超跑的方法？

**騎著姿勢相當戰鬥的超跑旅行時長時間的騎乘讓全身到處都在痠痛，已經快要到極限了如果有減輕疲勞的騎乘方式的話，請務必教教我**

## 正確騎姿可以有效紓緩

像超跑這種特別講究過彎性能的摩托車，的確會讓人覺得不適合拿來長途旅遊，油箱的形狀前寬後窄、座位後方擴大呈扇型、而且龍頭除了較狹短之外，還設置在頗低的位置，這些都是為了讓直線時可以趴低身體提高速度，或是在彎道時磨擦內側膝蓋，以極限速度迴旋，要說超跑是以比賽時的騎姿為前提所設計出來的也是事實。

話雖如此，維持極度前傾的姿勢騎著超跑，用一定的速度長時間行駛後容易疲憊也是事實，而且長時間保持一種姿勢的話也會誘發身體各式各樣的痠痛，這些痠痛不單純只是讓騎乘變得辛苦而已，一直持續下去會讓人容易發呆喪失警覺心而提高危險性，結果在到家的前一刻停車時立定轉倒，或是在千鈞一髮之際躲避危險，不曉得各位有沒有上述的經驗呢？

這些疲勞併發疼痛的點應該主要集中在手腕、股間、腰背和脖子四個部位。而且麻煩的是一旦開始疼痛之後還有可能會變成久久不能痊癒的痼疾，休息一陣子後重新跨上機車就馬上又被痛楚襲擊。

如果手腕還不習慣超跑較低的龍頭時，只好用兩手來支撐上半身，手肘會逐漸打直，讓握住握把的掌心承受所有重量，結果導致手腕的角度越來越嚴峻，使手掌和手腕產生疼痛，若想要預防此種狀況，首先利用小指、無名指、中指，外側三隻指頭穩住握把，左右手一樣讓手腕和手背保持水平一直線，不要讓手腕產生角度，手肘不要繃直，保持微微彎曲的姿勢，自然而然就不會讓兩手支撐上半身了。

接下來是股間，因為兩腳打開會讓人覺得比較輕鬆，導致就坐位置會不知不

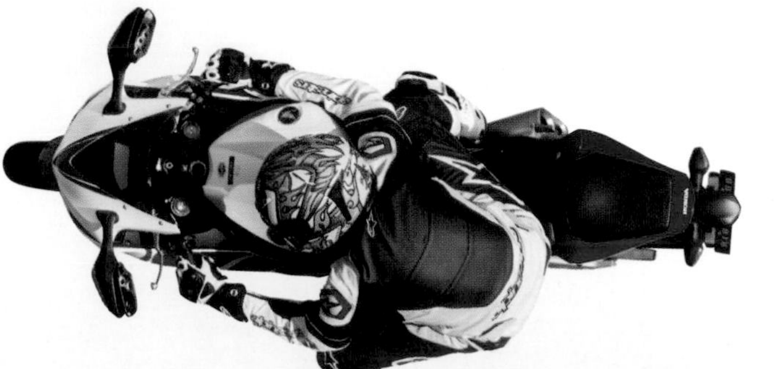

**超跑椅墊的形狀是重視過彎性能而開發出來的**

超跑的椅墊形狀是為了讓採取內傾姿勢的時候大腿內側可以緊貼坐墊，可以說是專門為了讓過彎時的騎姿產生更高的穩定性而設計出來的。

**兩臂手肘向下**
**不要讓手腕**
**產生角度**

讓手背和手腕呈一直線，維持手肘微曲的話可以解決兩手支撐上半身的問題，也有預防疼痛的效果。

**彎曲下背部讓腰部**
**朝後方推出**

彎曲脊椎和腰部的交接處會更有效果，讓腰部和下半身支撐上半身的話比較容易不會疲勞，讓背部呈圓弧狀吸收來自摩托車上下震動的衝擊。

# A 確實做到四個基本姿勢 就能減輕疲勞與疼痛

覺地慢慢滑向前面，這樣一來臀部無法支撐全身重量，來自路面的衝擊和加減速時的反作用力會全部集中在股間，麻痺、疼痛和極度的疲勞會讓精神無法集中，陷入最糟糕的狀況。為了不要讓事情一發不可收拾，必須時常提醒自己保讓腰部微向後縮，這樣膝蓋自然會夾起，維持以臀部承受身體重量的姿勢。

腰、背部位的疲勞疼痛多半是隨著兩手支撐上半身還有股間的問題一起出現，如果背部完全打直，或是像反折的蝦子一樣弓起的話，會劣化與承受體重的腰部之間的位置關係，這就是腰、背部會麻痺疼痛的最直接的原因。解決方案是以吸入肚臍的感覺將腹部內縮，使背部呈現圓弧型，讓下腰處可以上下移動來吸收衝擊。

最後是脖子，這個也跟上述三項有關連，上半身的支撐方式錯誤時，下顎一定會不自覺的抬起，導致脖子的角度扭曲帶來疼痛，所以要隨時要求自己縮下顎，如果能培養只用眼睛上半部看前方狀況的習慣，就算不用刻意也自然會伸直脖子。

旅途中巡航在快速道路上或是在一般道路的交叉路口等完紅綠燈後重新出發時要常常注意這四個部位，其實這四個方式不單只是讓讀者遠離痠痛疲勞，更是引導出循跡力的基本姿勢，在操駕摩托車上也是維持人車兩者最重要的位置關係，請不要怕麻煩地重複確認，務必讓自己熟練這四個技巧。

# 換乘中排氣量的摩托車之後不知為何難以操駕深感恐懼

**難以負荷公升級摩托車的馬力，改乘最近頗有人氣的800 cc中型重機後完全無法掌握騎乘要領，顛覆我對於輕巧好操駕的期待，這到底是為什麼呢？**

## 改變操駕習慣

好不容易考取大型重型機車駕照，要騎的話當然就直上紅牌頂點的公升級重機，這種心態為人之常情；低轉時有著充足的扭力，操縱簡單不拖泥帶水也是公升級重機的最大優點，但想要隨心所欲用著華麗的技巧騎乘時，首先要應付充沛的馬力和又重又大的車身果然還是相當困難的。

因應消費者的需求，車廠推出的就是800 cc級距的摩托車，從直接降低排氣量到包含車身都重新設計緊密化的車款可說是五花八門，無論哪種都以輕巧好操駕讓多數騎士都能享受其樂趣使得人氣逐漸提升，但是我在Riding Party等場合也意外地遇到覺得操駕困難而來諮詢的人，依照每個人經驗的不同，也有因為騎慣公升級重機的緣故，妨礙重新習慣中排氣量摩托車的場合。

那麼首先就先來說明公升級和800 cc兩者的差異吧，當然在馬力上感覺一定不太一樣，這就是產生靈敏好操縱的輕盈感最大的原因，就算單純只是降低排氣量的機種也是如此。「什麼！？車重沒什麼太大的差異也能體驗到輕盈感？」各位讀者也許會抱持著這種疑問，箇中原因就在車身的上下擺動。

當操縱油門開啟、關閉時前叉會隨著回彈、壓縮，也就是車體會產生像蹺蹺板似的前後浮起、下沉的上下擺動(Pitching)，也許各位讀者以為只要小心翼翼地操作油門開合就不會造成這種蹺蹺板的反應，但是各種連結驅動系統的齒輪間隙或是鏈條間隙等等，這個在專業用語上叫做游移齒隙(Back Rush)的間隙總合並不會減少，雖然專業騎士可以靠著魔法般地操作油門開合來消除此種問題，但對一般人來說卻不是一個簡單的技巧，不管怎麼做都還會殘留一種鏗鏘感。

MV AGUSTA F4

MV AGUSTA F3 800

1000 cc 的F4是四汽缸，800 cc的F3則為三汽缸，但不單單只是降低排氣量，也著眼在讓引擎以逆迴轉的方式減少上下擺動，因此兩者有著極大的差別，將懸吊設定到接近便於騎乘的感覺吧

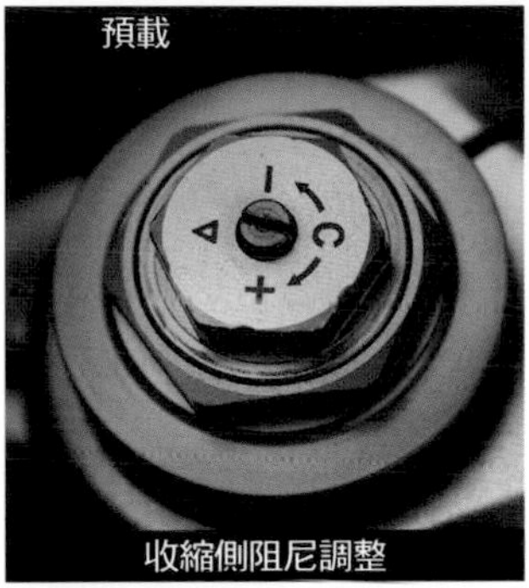

收縮側阻尼調整

回彈側阻尼調整

**將避震器的阻尼調弱**
**輕盈的車身更好操縱**

利用調弱回彈側的阻尼，製造上下擺動讓本來覺得頑固難以過彎的摩托車變的輕盈靈巧，因應不同場合也可以連收縮側阻尼和預載一起調弱。

收縮側阻尼調整

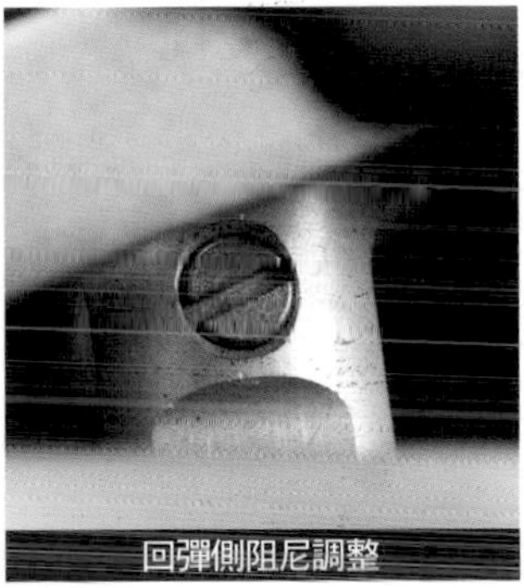
回彈側阻尼調整

# A 調弱避震器的阻尼 製造上下擺動

藉由減少上下擺動，消除了操駕時車身原本需要一個呼吸才能回饋的延遲，讓慣性不再殘留於車身上，就是讓人覺得操作起來更輕快的原因。

但是長久以來已經習慣公升級重機的騎士們，身體會在不知不覺中習慣了配合大排氣量摩托車的上下擺動而採取相對應的操駕方式，所以當上下擺動的狀態突然被減緩時，但身體卻還是使用了舊的對應方式，導致無法感受到車身趨於安定的一瞬間，讓本來應該輕巧好駕馭的摩托車產生頑固不受控難以過彎的可能性。

這就如同MV AGUSTA從F4演進到F3的時候，不單純只是為了操縱輕巧緊密減少汽缸數，也著眼在減緩引擎產生的上下擺動，因應騎士的經驗不同，也許有產生強烈違和感的情況，那這樣的騎士該怎麼辦呢？各位讀者搞不好已經有了答案，那就是調整避震器的阻尼，將有效緩衝上下擺動的回彈側阻尼調弱，對應不同的場合甚至可以將收縮側和預載一起調弱製造出易於產生上下擺動的環境，就算一口氣直接調整到最弱也無妨，因為緩衝力不會完全消失所以不會有危險。

當然每個騎士都有不同的情況，但多數人應該都能藉由這個方式重拾騎乘的樂趣，雖然上下擺動的缺點會影響騎士的安心感和操駕難易度，但別忘記了就另一面來說它其實也是重要的夥伴！

# 如何在狹窄巷弄中縱橫交錯的路口小轉彎呢？

**因為還不習慣大型摩托車，也沒什麼體力的緣故在巷弄中左彎右拐時總是變成大迴旋要如何才能像老手一樣舉重若輕呢？**

## 離合器操控是關鍵

大型重機一旦開始行進時反而會因為體積和重量的因素更加安定，有的時候甚至比中型車騎起來還安心，考取大型重型機車駕照之後第一次跨上大型重機的讀者們應該都會有這種感想吧。

但是想要在如同駕訓班或考試場中圓形、８字型的狹窄道路間轉彎時，就必須要有相應的操駕技巧來對付摩托車的體積和重量，大型重機速度越低越不能放任它我行我素，這時操駕的重要性就漸漸浮現了。

話雖如此，卻也不是要各位讀者一直複習駕訓班所傳授的知識，而是以彎道為前提，徹底理解摩托車與騎士之間的關係，然後實地操作累積經驗。

當處於連汽車都得小心翼翼才能會車的巷弄，或甚至路寬比這更窄的地方時，要在交叉口左右轉的時候會特別緊張吧，還是新手的話取線很容易跨過整條道路，還是無法過彎的時候也只好先停下來倒車之後再重新轉彎的場合也所在多有。

這主要是因為想用極低速過彎的關係，雖然讀者可能會想：「這我也不願意阿，巷弄裡誰能高速過彎？」但實際上來說，肇因的確出自於此。

想要以走路般的速度小轉彎時，最礙事的就是引擎驅動力，雖然每台摩托車有著不同的差異，但就算以一檔行駛，時速也還會有20km／h，空轉的話應該比這個還低，因此一旦停止後就會需要使用半離合的方式重新啟動，導致小迴旋的速度上升，這時變速箱又保持連結時，產生大迴旋的結果也可想而知了，引擎就算只是空轉也還是有驅動力會推動車身，雙缸車的話這種狀況更為顯著，因此小轉彎時的原則就是切開離合器。

像這樣子要小轉彎時，勢必得需要扭動龍頭了，話雖如此，如果太用力去扭動龍頭時車身會因為反作用力的關係偏向反方向，這時又

**乘坐位置稍微靠前就能小轉彎了**

將就坐位置靠前，可以把身體的重心接近摩托車的重心（引擎的曲軸附近），這樣就能輕巧地做出傾角，讓大型車也能輕盈地小轉彎。

切開離合器
製造不安定的狀態

極低速時就算引擎處於待轉轉速還是有動力會推動摩托車造成大轉彎，切開離合器除了根絕這個原因之外還能做出容易過彎的「不安定的狀態」，賦予前輪舵角。

利用外側的膝蓋
讓小轉彎變的容易

想要小轉彎的時候，將彎道外側的膝蓋輕輕往內側推一下油箱，同時切開離合器，摩托車就會順勢傾斜，達到輕巧過彎的效果。

不得不想辦法彌補，導致慌慌張張地擠拉龍頭，反而無法過彎。

但是在這種低速下，也無法期待能如同一般彎道可以靠傾倒車身讓前輪追隨產生舵角，力用自動轉向原裡來平衡車身。

那究竟該如何是好呢？

# A 切開離合器製造不安定的狀態賦予前輪舵角進行小轉彎

將夾住油箱的外側膝蓋在過彎時輕輕地朝內側推動，在習慣之前先用只有下半身傾倒的外傾姿勢來練習的話，會意外的順利喔。同時搭配使用切開離合器中斷驅動力的小技巧，促使車身進入傾斜態勢，這樣一來龍頭自然就會內切。「嗚哇！？要立定轉倒了」別怕別怕，這時稍微使用一下半離合的技巧，連結動力彌補平衡，這時摩托車就不會轉倒了，從車身搖晃到摔車這段時間的流逝會很像慢動作，所以不用擔心時間不夠，使用半離合的技巧也不用慌張，習慣的話一開始就能先彎一半的角度，然後使用半離合擺正，利用加速使車身穩定。

也就是說小轉彎的奧祕就是一瞬間切開離合器，破壞車身安定，利用伴隨而來的晃動順勢製造舵角，當行進方向改變後再連結驅動力使車子回歸安定狀態。

繼續補充一點，攻略需要讓龍頭轉動的低速髮夾彎的方式也一樣，以二檔進入彎道，如果退回一檔反而會產生震動所以無需退檔，保持二檔的狀態一瞬間切開離合器，以外傾的感覺傾倒車身，就能順利過彎了，因為時速如果低於30 km/h時，無法利用速度穩定車身，這時採取內傾的方式也沒什麼意義，山路騎乘時如果遇到狹小的彎道時就用這種方式突破才是鐵則。

# 雙缸車有沒有專用的操駕技巧呢？

**從 CBR1000RR 換乘 DUCATI Panigale 之後總是在低速時產生頓挫覺得不易上手騎乘雙缸車時有沒有什麼特別的技巧呢？**

## 調整轉開油門的方式

雙缸重機在同一轉速時的點火次數當然比起 CBR 這種四缸車少了一半，而且就算是同一排氣量，燃燒室的體積也比較大，曲軸在低轉速域時旋轉的時候會因為點火產生一種鏗鏘的脈動。

就算同為大型雙缸車款，低轉速時的頓挫感也會隨著兩個汽缸的排列方式不同而有所改變，以V型雙缸和 Boxer 雙缸引擎為例，因為點火間隔的關係比較不會產生頓挫，但 DUCATI 的 L 型雙缸的點火間隔是 270 度和 450 度一快一慢反覆不等間隔點火，所以在低轉速域時比較容易產生頓挫感，但這只是在比空轉轉速高個幾百轉的區域而已，轉速拉高超過這個區域時，利用電腦管理的最新式引擎應該都能平順運轉。

所以我想這位讀者所說的頓挫，恐怕是在稍稍超過空轉轉速的區域時，從油門回到全關的狀態，打算開始重新加速時的瞬間所產生之唐突感吧。

那麼就來改變轉開油門的方式吧，大型雙缸車在轉開油門的瞬間產生的燃燒力會比四缸車還大，所以再度啟動加速時需要的油門開度

HONDA CBR1000RR

DUCATI 1199PANIGALE S

### 快速且平穩大手油門一個動作一次到位

基本上迅速平穩的大手油門就沒什麼問題了，四缸車在中速度以上的高轉速域容易產生頓挫，選擇加速時會感到遲鈍的「高檔位・低轉速」開始大手油門就是箇中訣竅。

### 頻繁地進檔延長大手油門的時間

操作油門的訣竅是迅速轉開些微油門，直到感受到輪胎的抓地力後就大手油門，循跡力會隨著速度提升而減弱，所以確實地進檔，控制轉速不要進入高轉速域。

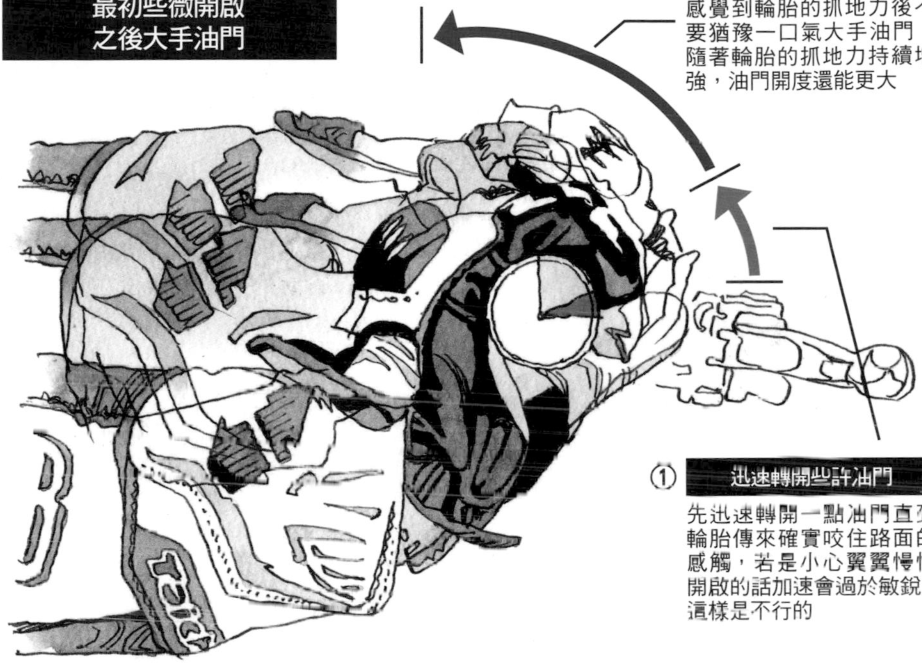
最初些微開啟
之後大手油門
② 持續大手油門
感覺到輪胎的抓地力後不要猶豫一口氣大手油門，隨著輪胎的抓地力持續增強，油門開度還能更大
① 迅速轉開些許油門
先迅速轉開一點油門直到輪胎傳來確實咬住路面的感觸，若是小心翼翼慢慢開啟的話加速會過於敏銳，這樣是不行的

# 調整油門的開啟方式 感受會有如雲泥之別

A

會比想像中的大，如果油門沒有轉開到一定程度時，加速的過程會一瞬間被中斷，這就是產生頓挫的原因。

其實像CBR這種四缸車，在中速度以上的高轉速域時想要從油門全關的狀態重新啟動加速也會產生類似的頓挫感，但是四缸車只能靠著改善點火系統的電腦設定來解決，至少沒有像大型雙缸這樣可以利用操作油門的方式來做應對。

首先將油門從全閉的狀態轉開1/4左右，然後不要猶豫一口氣轉開油門試試看，在3000轉附近的區域操作的話，並不會急遽地加速突然噴出去，反而會有比徐徐轉開油門更平穩前進的感覺，習慣之後下一步就是嘗試看看如何利用大手油門產生循跡力，提高抓地力，利用負重擠壓後輪，如果輪胎有確實咬住路面的感觸時就沒錯了。

更加熟練之後就能在利用大手油門提高抓地力之後稍微回油，再慢慢微調油門，就可以在一定範圍內控制所需之循跡力強弱來攻略小型彎道。一長一短不等間隔點火的雙缸引擎，最大的優點就是讓輪胎咬住路面的潛能極佳，也就是說，徐徐地轉開油門並不是讓其發揮本領的最佳方式，而是利用上述的方式來調整循跡力的強弱，獲得抓地感。就算只是轉動1～毫米，也會有截然不同的感受，還請多多嘗試看看，絕對會讓騎乘大型雙缸車的樂趣與醍醐味倍增，這點我敢掛保證。

# 有沒有漂亮攻略連續彎道的訣竅呢？

**在山道騎乘時老是敗在連續彎道上每次都在中途開始害怕無法過彎有沒有什麼訣竅呢？**

## 區分彎道單獨突破

在山路的連續彎道中左切右擺華麗地奔馳而過，在某種層面上是身為騎士永遠的夢想。

訣竅就如同在本誌騎乘教學解説過的，遇到S型的連續彎道不管持續多長，都必須將其一個一個彎道區隔開來攻略，利用一瞬間直立的狀態，將預設的迴旋曲線連接起來，詳細情形請確認已經刊載的雜誌。

所以比起如何攻略，在這裡我反而比較想談談容易出現的錯誤騎法，在進入彎道的時候，各位讀者是利用何處來判斷彎道的狀態呢？如果是一邊瞄準中線一邊行駛的話，就可以説是取線每次都會外拋的元兇了。

中線的確是將道路從中央切成兩半，跨越中線的話就會發生與對向來車對撞的危險，而且在地面上清晰可見的線條，也比較有對照的基準，是一種相當重要的情報來源。

但是利用中線來判斷彎道曲率，如果當前方曲率變大、彎道變刁鑽時，察覺變化的時間就沒有那麼充裕了，等到發現時黃色的中線已經突然遠離摩托車的行車路線，還在想要怎麼辦的時

**就算一直盯著中線也無法了解彎道曲率**

一直描著中線過彎是不行的，會因為視野太近無法正確判斷彎道前方的狀況，而且當曲率突然變化的場合，除非是極低速行駛，不然無法繼續追隨中線過彎

**為了增加情報量盡量將視線看向遠方**

如果發現「無法順利過彎了！」的話就太晚了，也沒有機會再度改變行進方向，為了避免此種情況，盡量將視線看向遠方，提前察覺彎道接下來的動向是很重要的。

候就已經衝進外側，能補救的話還算好，如果來不及反應直接衝撞護欄的話，事情就大條了。

如果將視線放在道路外側邊緣，會因為視線距離比只看中線還遠的緣故，能有更充分的時間採取輕微煞車等等諸多改變行徑路線的手段，來應付突然變換的路線。

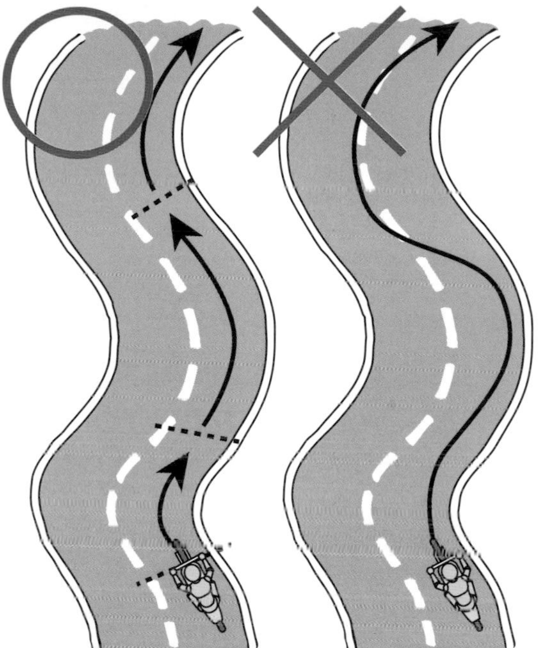

利用前煞讓車身一度直立再度切入過彎

放任摩托車隨波逐流無法掌握過彎節奏

**左右連續的彎道**

**要一個一個確實攻略**

在S形彎道中連續左右切入截彎取直，總會在某個地方亂了節奏導致無法順利過彎。將各個彎道仔細區分開來，每一次都利用輕微的煞車讓車身一度直立後再開始攻略下一個彎道，就是掌握過彎節奏的訣竅。

# 將各個彎道區分開來 一個一個確實攻略

這個就是騎乘教學所說的—有效利用道路中線到外側邊緣的騎乘技巧。山路騎乘基本上都是些看不見出口的盲彎，對初學者來說，盡量維持在靠近內側一點點的地方行駛就是鐵則。

那我在揭露一點適合初學者進彎時的小技巧吧，舉例來說，在左彎的入口前靠近中線筆直前進，等到道路開始彎曲後，會發現明明直線行駛，中線卻慢慢遠離摩托車時，就從這裡開始切入，這時才需要去注意中線，只要不是太過刁鑽的髮夾彎，通常都可以一次解決，右彎時當然不是靠近中線，而是靠近道路右側，像左彎一樣稍微延遲一點，等到離開道路邊緣時再行切入，然後再將視線放在內側道路邊緣。

在山林中奔馳時本來就會有對向來車或是道路蜿蜒難以掌控的問題，我不是不能理解各位想華麗過彎的心情，但請不要忘記傾角越深伴隨著的風險也越高，想要磨膝過彎的話就請在賽車場嘗試吧，想要體驗山道騎乘的樂趣，對我來說都比較集中在調配過彎節奏，利用釋放煞車，掌握時機瞬間讓車身傾斜，然後操作油門讓車身迅速擺正，拉長出彎擺正時循跡力生效的時間，切入、擺正、切入、擺正，雖然各位可能會想說又不是電影，哪有這麼帥的，但是我內心的確是一直重複這這個過程，無須勉強吃滿傾角，享受著毫無多餘動作、節奏明確過彎的滿足感與醍醐味，挑戰著專屬於自己的運動。

# Q 要如何熟練攻略右彎道呢？

**對於右彎感到困難，無法順利過彎有沒有克服的方法呢？**

## 每個人的軸心腳不同

一開始就出現了主流問題耶，但好像有好一陣子沒有回答過了。像這樣子對於右彎比較不拿手，我想應該是大部分的人都有的問題，以靠左側行駛的日本為例，右彎時必須切過中線，就某種層面來說，這或許是其中一個原因，但其實就算是靠右側通行的國家，騎士一樣會覺得右彎沒有辦法像左彎一樣順手。

那首先就來說明人類為什麼比較不擅長右側的原因吧，讀者可以先試看看用兩腳站著，從兩膝微彎的狀態中抬起其中一隻腳讓腳底脫離地面，比較只用左腳站立跟只用右腳站立時的差異，有沒有覺得不一樣呢？

多數人應該會覺得只用左腳支撐身體實比較有安定感，只以右腳站立時，根據每個人的情況不同，有些人的膝蓋也許會搖晃顫抖，但有一部分的人卻剛好相反，這樣就可以判定哪一隻腳是軸心腳，以衝浪或是滑雪這種人需要側身站在板上的運動來說，也是判斷正腳或反腳的方式，而軸心腳也不一定會跟慣用手同一邊。

沒錯，一般人的軸心腳都是左腳，這也可以利用樓梯等有段差的地方試驗，當要爬下段差極大的樓梯時，應該都會先出可以隨時收回的右腳，相反地在走段差比較小的樓梯時，為了讓腳可以確實乘載體重安心向下走，一般都會先出左腳，平常可能不太會注意到，但這種小地方就能看出軸心腳在不同場合下的使用方式。

因此人會下意識地讓軸心腳處於隨時可以應付突發狀況的狀態，這是從開始會走路時就潛移默化至今的一種習慣，於是在攻略左彎時，雖然是不可能在轉倒時左腳踢向地面來支撐車輛的超人動作，但至少在迴旋時可以較有自信地壓車傾倒過彎，相反地在右彎時，身體就會容易陷入隨時要把車身拉正的準備狀態裡，這樣一來緊張感就會殘留在身體各部位

**多數騎士的左腳為軸心腳**
**所以會覺得右彎比較困難**

雖然平常不會注意到，但人類是以軸心腳來支撐身體重量，所以往軸心腳那一側傾倒也比較安心，但是朝反方向傾倒時就會容易不安，讓身體無意識地施力，這是因為要讓軸心腳處理突發狀況的習慣已經刻進骨子裡的關係。

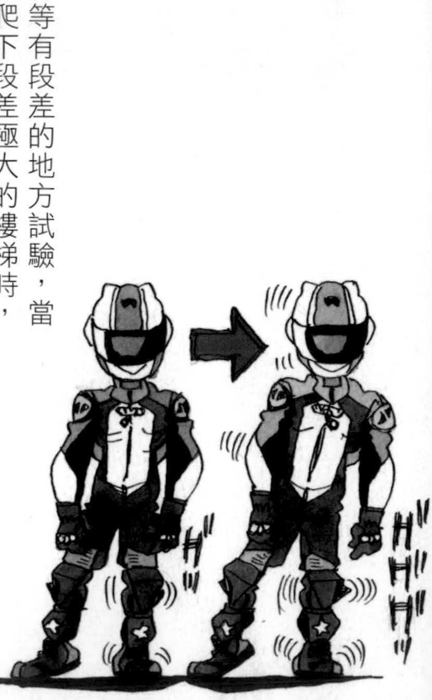

**攻略右彎和左彎時**
**騎乘姿勢會不太一樣**

在攻略右彎時，因為害怕傾斜中的車身會轉倒，身體會要隨時能將車身拉起而下意識的出力，而攻略左彎時能有自信地放鬆身體力量迴旋的場合比較多。

# A 左右有差異很正常 利用和緩的彎道 來逐一檢驗吧

裡，讓體重無法確實分配在坐墊上。這就是為什麼會覺得右彎比左彎難的原因，而且也可以說兩者「騎乘感受不同」是很正常的。

如果說到該如何處理時，首先可以在山路騎乘中於較長的左彎時確認看看腰部與座位間的緊密狀態，兩臂、肩膀、側腹還有兩腳的狀態，然後在和緩的右彎中如法炮製看看，如何？身體是不是有某些部位因為緊張無法順利放鬆力量？那就再利用左彎確認需要注意的地方，想要一次過關我覺得是有點勉強，但經過多次的重複檢驗，讓與左彎相異的部分逐漸同步，當體重分配方式，力量的增減徐徐向左彎靠齊時，迴旋時的差異感應該也會逐漸消失。

但這個方式建構在和緩且長的彎道上，途中可以隨時變換姿勢，如果處於直立到傾倒只有數秒的快速彎道時，就應該不太能用同一種方式了，這時只能細心仔細觀察自己一系列的動作變化，然後重複練習，我覺得最土法煉鋼的方式應該也是最快的捷徑。

順帶一提，在賽車場時大部分都是順時鐘行駛，右彎比較多是當然的，所以常常會看到GP車手用著不同的姿勢攻略左右彎道，這是因為右手要操作油門的緣故所以姿勢會不太一樣，並不是只擅長某種彎道的關係。

# 想要帥氣攻略下坡彎道該怎麼辦呢？

**山道騎乘時上坡彎道騎得還算可以，可是到了下坡時就感到恐怖 想要熟練攻略下坡彎道該怎麼辦呢？**

## 轉開油門激發循跡力

在下坡彎道感到不安，我想可以說是每個人都曾經有過的共通問題，那麼為什麼會感到不安呢？如果來對照上下坡間的差異應該就能清楚明瞭了。

攻略上坡彎道時，為了不要因為陡坡使速度降低，通常都會持續轉開油門，所以不用特別注意也能維持加速狀態，這麼一來在彎道時就能持續發揮循跡力，也就是說後輪因為驅動力的關係提高抓地力進而增加安定感，所以不需要特別注意什麼就會有不錯的過彎表現，這就是上坡時的狀況。

而且因為上坡時，只要不猛催油門，速度不會提高也不會突然加速，對於初學者來說也比較不會產生無法順利過彎的恐懼感，所以結論就是迴旋時最重要的就是循跡力，這點必須要再度強調。

相對地下坡時，就算什麼都不做也會速度也會因為重力的關係持續上升，一般來說根本不會再去考慮轉開油門變成加速狀態，就算依賴引擎煞車維持低速，但在低檔位、高轉速時補油後輪會有打滑的疑慮，如果維持高檔位、低轉速時，遇到陡坡的話又會有煞車不及的危險，後輪無法利用加速時擠壓地面提高抓地力，也無法獲得迴旋時的安定感，心生恐懼也是很正常的。

那麼該如何是好呢？如果是連在平坦道路上的彎道都不知道該從何處大手油門而猶豫不決的初學者，我的建議是將進彎前的速度再降低一些，不過記得拉長減速區域，利用煞車燈提醒後方摩托車或車輛，以防被追撞的危險，減速到好像要準備停車的速度後就可以開始切入過彎，並將檔位勾到三檔以上的高檔位，讓轉速維持在低速域然後平順地轉開油門，這樣就能使用循跡力過彎。倘若彎道過長，持續加速會讓轉速跑回中速域時，就算在迴旋中也要迅速進檔，讓引擎轉速維持在低速域，才能獲得穩定的加速，藉此消除過彎時的不安。

**身體的動作也必須下工夫**

壓車傾斜的同時注意維持縮小腹的姿勢，將體重分配在內側側腹，上半身稍微挺起，但要注意不要讓腰部往前滑動和背部不要過度反弓。

### 「上坡」和「下坡」差別在哪裡？

上坡時因為「不催油門就無法前進」的關係，自然會產生循跡力，可以安心過彎，下坡時容易使用低檔位過度依賴引擎煞車，再加上出彎擺正時無法轉開油門獲得循跡力，當然會感到不安。

關閉油門的話自然就會減速，所以令人安心，在上坡時不用特別注意也會轉開油門，自然而然會產生循跡力順利過彎

就算關閉油門也會因為重力而加速，導致過度依賴引擎煞車，出彎擺正時使用低檔位會因為引擎反應過於敏銳而不敢轉開油門，沒有循跡力當然無法順利過彎

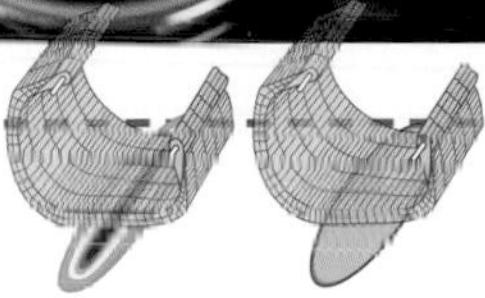

#### 利用低轉速激發循跡力

確實地減速切入後，維持高檔位、低轉速的狀態平順的轉開油門，就能在有循跡力的輔助下開始迴旋，輪胎也會被擠壓提高抓地力，令人倍感安心。

# A 利用後輪的抓地力 獲得迴旋時的安定感

在平坦彎道上已經可以抓到大手油門激發循跡力的訣竅，享受過彎樂趣的騎士們，在攻略下坡彎道時需要注意的就是將轉速維持在低轉速域，因為低轉進彎才有足夠的空間轉開油門激發循跡力，卻又不會讓摩托車突然爆衝，另外在如何移動身體、分配體重上下功夫，首先在進彎前將速度降至比平坦彎道再第一個檔位，同時利用縮小腹將腰部往後的姿勢來製造壓車傾斜的契機，上半身稍微挺起，但注意腰部不要往前移，還有背部不要反弓成像蝦子一樣。

如果可以藉由坐墊感受後輪的反饋時，就可以將全身重量集中在內側側腹，並把重心移向後輪接地點再稍微前方一點的位置，如果感受不到後輪的回饋時，可以稍微踩下後煞車，藉著身體被拉動的瞬間，仔細注意的話應該可以順利感受到後輪接地點的存在，將身體的重心移動到接地點內側斜前方，以單輪車來比喻的話就如同轉彎瞬間的重心移動方式，如果有騎過單輪車的話應該比較可以想像。

如果可以熟練上述之製造過彎傾斜的契機，那麼在最初就能明確轉向，發揮出循跡力之後就能對操作更有自信，也比較不會害怕了，下坡時速度提升的幅度會比想像中的快，用著比較淺的傾角迴旋的話，遇到突發狀況也比較不容易慌張，隨時保持可以煞車的餘裕是最重要的。

# 冬天的操駕方式有什麼需要注意的嗎？

**雖然台灣冬天不會下雪 但冬天騎乘時需要注意什麼嗎？**

## 騎士也要暖身

如果在一月到二月最冷的時候想要騎車的話，就算平地沒有下雪，海拔較高的路面也會結凍充滿危險，不過對於住在冬天會下雪的國家的騎士來說，這個煩惱可能就有點幸福了。

冬天騎乘不得不注意的地方首先就是山路濕滑或是結冰的問題，有些會下雪的路段可能會灑融雪劑，地面會呈現一片白色，經過這裡一定要降低速度，因為騎經積水處會很容易打滑，而就算沒有撒融雪劑，海拔較高的地面也會有結冰的狀況，如果室外溫度低於五度的時候，騎乘時就要多加小心。

而最危險的時候就是操作煞車，如果前輪突然鎖死的話，除了打滑轉倒沒有別的選項了，而且因為碟盤會過冷，就算扣動煞車，但是到碟盤升溫之間幾乎是沒什麼效果的，這時騎是如果慌慌張張加重煞車力道，就會因為溫度提升之後發揮的效果過強，提高前輪鎖死的風險，所以在進彎前不能照搬老方法，必須要更之前的地方先輕輕使用煞車，提高碟盤的溫度，然後再開始控制煞車力道。

壓車傾角當然不能過深，就和雨天騎乘一樣，不是利用壓車來迴旋，而是用著較淺的角度傾斜後輪，製造出前輪自動轉向的狀態，要讀者憑空想像應該是有點難度，但就像是在十字路口右轉時不會持續壓車轉彎一樣，而是到了想要轉彎的地點後迅速傾斜車身改變行進方向。

再來聊聊循跡力，這部分也是照慣例讓引擎處於低轉速域，然後平順地轉開油門，讓引擎的動力咬住路面，利用這種方式讓驅動力帶起過彎力道，如果速度漸漸提升之後，就乾脆地關起油門降低速度後再打開油門，仔細地調節動力輸出，行駛時也會比較安心。

**擠壓輪胎提升溫度**

注意前後車輛，以四檔時速 30 公里左右轉開油門加速，對後輪施加重量，然後再利用前煞擠壓前輪，重複完成上述動作，應該就能讓前後輪保有安全的作業溫度。

加壓

減速

# A 小心仔細進行各項操作 騎士也要注意保暖

如果是騎乘超跑這種攻彎取向的摩托車時，就算沒有打算吃滿傾角壓車過彎，也還是必須注意輪胎的溫度，常常可以看到騎士在山道路口處才開始為了暖胎左右蛇行，讓輪胎兩側摩擦地面，或是一開始用著較淺的傾角過彎，之後徐徐加深傾角的暖胎方式，這樣完全不對，只有輪胎表面的溫度上升，是無法提升抓地力的，如果不讓輪胎內部構造也達到作業溫度的話，就無法發揮對追隨路面最重要的緩衝特性了。

那麼該怎麼辦呢？可以在離山道入口還有一段距離的直線道路上慢慢加速，確實負重讓輪胎變形，藉由擠壓輪胎的動作，讓輪胎內部構造到與地面接觸的胎面部分的溫度提升，但是因為在冬天行駛的關係，輪胎的溫度會很難提升，尤其是高抓地力的光頭胎，沒有達到作業溫度的話是完全沒有抓地力的，所以在這個時節騎車，還是換成就算溫度較低也能保持一定柔軟性的旅途用輪胎，才能保持行駛間的安全，規避危險。

關於騎士方面，則要避免因為太冷導致身體僵硬，連帶地讓操作變遲鈍的狀況，有背膠可以黏在身上的暖暖包就是個不錯的選擇，另外像是羽絨外套這種看上去好像很保暖，但其實很通風的衣服就算套再多層，騎車時因為風速較大的關係也沒有什麼保暖效果，襯衣其實就有不錯的效用了，最重要的就是如何阻斷外面的冷空氣灌進衣服裡，例如用便利商店的塑膠袋鋪在胸口再穿外套就有很驚人的保暖效果，腳也可以先穿進合適大小的塑膠袋試看看，結果可是令人相當驚艷。

如果愛車可以選配握把加熱器的話，請務必一定要加裝，不只在冬天好用，連夏季下雨時也很有效，花點小錢就有不錯的效果，算是經濟實惠，而且有了握把加熱器的話，就可以使用比較薄的手套，不用犧牲操作性了。

最後再補充一點，內裡鋪滿毛的手套看起來好像很暖活，但是容易太緊導致手部血液不流通，反而會感覺更冷，所以不推薦使用。

**冬季建議使用跑旅胎 不推薦熱熔胎**

高抓地力輪胎只要太冷就無法發揮出應有的抓地力，就算是超跑，在冬季騎乘時也還是換上作業溫度較低的旅遊胎，才能獲得一定的抓地力，也比較安心。

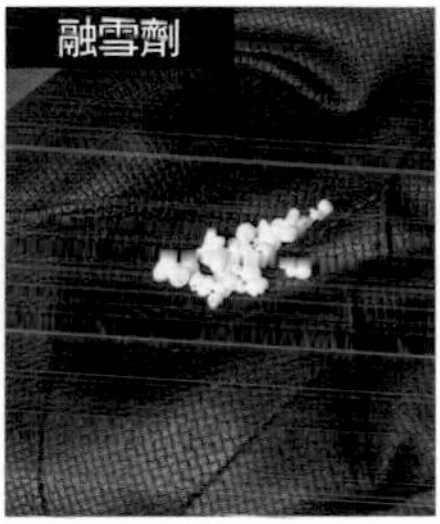

融雪劑或是防止結冰的工業用鹽巴在融化在路面時容易造成打滑

橋上的背風處也很容易結凍，經過橋的時候要多加注意

# 過彎時壓車吃滿胎才代表技術高超？

**有一個前輩甫一見面就對我說「你過彎時沒有吃滿胎嘛」？然後每到一個停車場就到處和別的騎士爭相比較。過彎時吃滿胎真的有這麼了不起？**

## 公路上以安全為優先

用著大幅度的傾角壓車，銳利地奔馳在每一個彎道，只要是流行騎士的死忠讀者應該都會是喜歡運動操駕的騎士吧，也認為過彎就是摩托車的醍醐味，所以會去在意輪胎的磨損痕跡也是很正常的。

如果在胎面邊緣看到磨損痕跡的話，的確會讓人覺得技巧好像有到一定程度，過彎時才能帥氣壓車吃滿胎，但我覺得首先應該要仔細解釋什麼樣的情況下才能磨到輪胎的邊緣處，以及其中又有什麼含意。

基本上車身越斜，輪胎與地面的接觸點就會越往邊緣移動，但這個理論只成立在不考慮負重的情況下，如果加上車重的話，就不單單只是與壓車傾角有關，因為後輪會凹陷變形而使邊緣接觸到地面，而且當處於壓車狀態，面向彎道出口大手油門出彎擺正的時候，驅動力和迴旋安定性會使循跡力大幅產生效用，這時驅動力與搖臂之間的影響，以及輪胎擠壓路面的力道，都會讓輪胎變形，使接地面積增加。

也就是說，有沒有吃滿胎和壓車傾角並不是成正比，在壓車時確實擠壓輪胎，讓摩擦痕跡往輪胎邊緣移動也能磨到輪胎邊緣，而且近年來輻射胎的構造，這樣的擠壓方式可以讓柔軟的胎面更加變形來追隨路面，說實在的，跟壓車傾角夠不夠深其實沒什麼關係。

還有一件比較鮮為人知的事情是前輪與路面的磨擦痕跡和壓車傾角更不符合比例，這是因為前輪為了保有直線前進的穩定，以及壓車時可以因應後輪傾斜製造舵角，產生自動轉向的功能，所以轉向軸會裝成斜的，又稱之為「前叉後傾角」，前輪因為有這種設定的關係，所以輪胎剖面的形狀會呈現如同御飯糰一般的三角形。

如果要在更詳細解說的話會過於艱澀，所以就先省略，總之因為這層關係，所以車身的傾斜和前輪接地位置的變動並沒有成正比，而且因為前叉後傾角、拖曳距還有整台車身的結構以及重心的位置等各式各樣的設

也很拼命地在山道中磨練技術，可是距離邊緣還有10㎜寬度宛如新品，要怎麼樣才能讓輪胎邊緣磨到地面呢？

**只利用壓車傾角摩擦輪胎邊緣危險且毫無可能**

如果不擠壓輪胎又想磨到輪胎邊緣的話，車身要壓多低才辦的到呢？現場實驗之後發現需要用極誇張的角度才能磨到輪胎邊緣，而且和地面接觸面積只有一點，實際行駛的話根本無法辦到

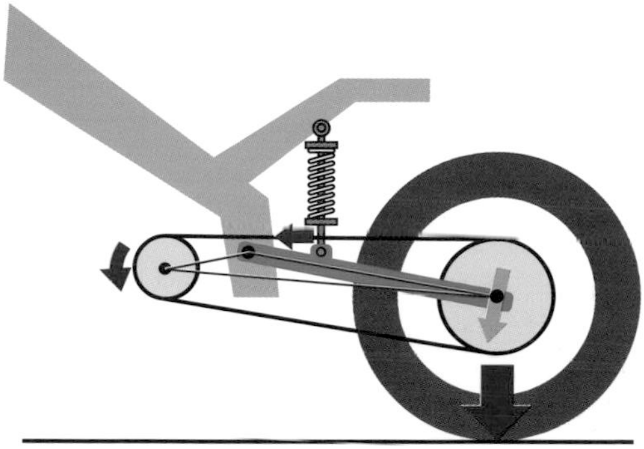

**轉開油門的話**
**後輪會擠向路面**

因為前後齒輪盤的軸心與搖臂鎖點三者之間的位置關係，在轉開油門的時候後避震不會下沉，但後輪會產生一股往地面推擠的力量。

擠壓輪胎使邊緣接地

**沒有確實擠壓**
**接地面積較小**

仔細觀察就能發現胎面邊緣部分稍微上浮沒有接觸到地面，胎壁的變形程度也比較少。

**輪胎確實變形**
**邊緣接觸地面**

和左圖一樣的壓車傾角，邊緣部分確實接觸到地面，胎壁也有被擠壓膨脹的感覺。

定，有些車款就算在全傾角壓車時也還是磨不到前輪最邊緣的地方，因為有很多騎士意外地會在乎這點，所以先提醒大家。

因為上述這些原因，磨到輪胎邊緣也不完全等於全傾角壓車的證據，而且就算再怎麼喜歡奔馳於山道間的快感，但是在一般道路有對向來車的情況下，還去在意有沒有全傾角吃滿胎過彎其實也不太好，想要毫無後顧之憂地享受輪胎性能的話，還是請到賽車場吧。

最後在講一些大家可能已經知道的小常識，那就是在賽車場行駛時胎壓可以設定稍為低一點點。在一般道路騎乘時，路面會有高低差或是縫隙等不平處，輪胎會有突然受到強大衝擊的疑慮，為了避免輪框在這個時候歪掉，所以建議胎壓會比在賽車場行駛還高。

在賽車場除了不會有高低差和凹洞之外，更重要的是利用負重大幅度擠壓輪胎使其變形增加抓地力，才能提升過彎時的循跡力與轉向力，所以胎壓的設定才會低一些。

以較低的胎壓在賽車場行駛時，就算不用磨膝過彎，照道理後輪也應該能磨到最邊緣的地方，如果想要體驗如何吃滿胎的話，不僅為了自己，也為了他人的安全，請一定要到風險較低的賽車場裡。

## 在一般道路上沒有必要 有興趣的話 請到賽車場體驗

## A

# 教學中常常說要加強負重實際上要怎麼做呢？

**在本誌經常讀到要對後輪增加負重但是騎士的體重又不會變，要怎麼樣才能增加（？）負重另外又有什麼樣的影響和效果呢？**

## 許多運動的原理都相同

這是一個相當有深度的問題，在流行騎士的騎乘技巧刊頭特輯中時常耳提面命的移動體重等等基本技巧，本回就以這個為主旨來進行解說吧。

騎士的體重的確是不會變，所以到底要怎麼樣才能用著類似增加重量的方法，對車身和後輪施加重量呢？如果以滑板、衝浪或是滑雪板等運動，利用腳施予重量的方式來當例子的話，也許會比較好理解也說不定，在需要轉彎的時候，利用腳部伸縮將體重放在板子的邊緣來達到轉向的效果，這種感覺就類似於摩托車的移動重心。

但也不要誤會成對腳踏施力就可以了，腳踏只不過是當作移動身體時的支撐點，對其施加重量一點效果都沒有。

那到底該怎麼做呢？首先要將身體的重心移到需要的地方後，算好時機放鬆身體特定部分的力量，讓坐墊確實承載體重，製造容易追隨路面的狀態。

就算是滑雪或衝浪也是一樣，如果對於板子邊緣施太多力的話就會轉倒，太輕的話又會因為負重不足無法順利轉向，在最關鍵的時刻需要施加一定的力量，同時又要維持平衡才是最容易轉彎的方式，摩托車也是一樣，如果騎乘時身體過於僵硬的話，相較於忙於追隨路面起伏而上下移動的懸吊系統，車身的反應和動向會慢一拍，也就是說會產生延遲，但如果身體放鬆的話，簧上（車身）產生的動向會可以確實傳達到坐墊，讓避震器可以輕易地配合移動達到緩衝的作用，也就是在過彎時比較不容易去干擾到後輪負重，進而提高抓地力和安定性的效果。

那我們就來具體地練習看看吧，在煞車前先將身體重心移動到彎道內側斜下方，切入的瞬間注意臀部緊貼坐墊，然後順勢放鬆下半身到背肌的力量，這個時候可別忘了用著將肚臍吸入腹中的感覺縮小腹，讓體重向後對後輪負重。

**突然大幅度移動腰部**
**反而會難以體會**
**負重增加的效果**

不要用誇張的動作，首先將注意力集中在熟悉上半身力氣的放鬆程度和放鬆時機比較重要

**動作過於誇張無法活用體重和負重**

動作較小反而會讓體重和重心移動的感受格外清晰，也比較有效率，這樣一來才可以用著安全的方式享受過彎操駕的醍醐味。

開始切入的瞬間要注意臀部緊貼坐墊，然後順勢放鬆下半身到背部的力量，切入時要再將重心移向側腹

# A 放鬆身體力量 確實將體重放在坐墊上

## 重心維持在彎道內側

開始切入之後持續把體重放在側腹，讓重心維持在彎道內側，然後放鬆上半身和兩肩的力量，讓整個人滑進入側，內側腳踏只是拿來讓腳有地方擱著而已，絕對不要對其施力。另外，外側的大腿有沒有緊貼坐墊呢？如果沒有的話也會有損簧上的追隨性，在習慣之前不要大幅度移動腰部，可以先試看看稍微移動半個臀部的距離，重點反而要集中在如何抓準時機放鬆腰部以上的力量比較重要，因為還沒熟練就想一次到位，很容易變得似是而非，反而無法體會最重要的移動重心和增加後輪負重的感覺。

而且各位在山路騎乘的時遭遇到的彎道基本上都會是無法看到出口的盲彎，這就代表勝負的關鍵不是壓車傾角，而是如何在最佳的時機激發出循跡力，提高過彎時的力道與安定性，拉長產生效果的時間直到彎道出口才是最重要的部分。

就算用著誇張的動作加深壓車傾角，也不代表就掌握了移動重心和分配負重的訣竅，自然也就無法增加迴旋力道與安定性，反而是有效率地活用體重和負重的騎士，就算身體只有些微移動也比前者更能體會後輪的抓地感和循跡力的效果，可以用著最少的風險來享受過彎的醍醐味。

# 一定要轉倒才能提升操駕技巧嗎？

**雖然人人都說摩托車是「傾斜過彎的載具」但想要熟練駕馭真的需要不停的轉倒從錯誤中學習嗎？很想磨練自己的操駕技巧，卻又鼓不起勇氣嘗試……**

## 以騎乘目標為前提

我可以體會這位讀者的心情，每每看著MotoGP磨肘過彎的場面都會覺得「這樣都不會摔車嗎？」「真的可以壓到這麼低嗎？」這樣操駕摩托車實在太帥了……我曾經也是奔馳在賽道上的選手，為了勝利已經數不清自己吃過幾次土了，所以要來傳授如何不轉倒又能提升操駕技巧好像沒什麼說服力。

如果您想提升操駕技巧是為了比賽，甚至是以職業選手為前提的話，在賽車場這種萬一發生意外可以將傷害降到最低的場所練習時，轉倒真的是必須通過的考驗。

但我現在已經不是職業賽車手，14年來不間斷地參加美國Daytona比賽也單純只是為了興趣，如果不小心轉倒的話，一定會被家人或朋友念說「都一把年紀了，趁還沒有釀成重大事故前先收手吧如何？」

所以絕對不可以摔車，如果只是立定轉倒這種不小心的程度倒是可以從錯誤中反省汲取經驗，對於之後也有助益，但是會受傷的摔車無論無何一定要避免。

同樣類型的疑問中最常出現的是要如何才能消除恐懼感？或是明明想要壓車但是太過害怕所以馬上拉正車身，討厭沒有勇氣的自己……不知道各位又是怎麼看待這些想法的？

我每次都會這樣回答：「會覺得害怕，正是防衛本能有正常啟動的證據，如果沒有這種機能，也就是說完全沒有恐懼感的話，很有可能一瞬間就沒命了。」

恐懼是很重要的感受，就連現在的我在騎車時有時候也會害怕，但是這種害怕是擔心如果操駕失誤的問題，換言之就是不要出錯的緊張感。

在參戰Daytona的時候一直告誡自己「為了之後也能享受比賽，絕對要避免發生意外」

在比賽的過程中不知轉倒了多少次，但若是作為興趣騎乘摩托車的話可萬萬不能摔車受傷

就算勉強壓低傾角旋轉半徑也不會變小

如果一直覺得「摩托車就是要壓車才能過彎」的話，操作技巧是無法提升的，摩托車操駕的基本原則就是不要妨害原有的機能

**利用同傾的方式建構騎乘節奏**

當對於騎乘技巧感到迷惘的時候，就試著利用較淺的傾角過彎吧，傾角較淺的時候也比較能感受到輪胎的抓地感和循跡力的效果。

# A 挑戰風險較小的騎乘技巧吧

## 抓到操駕的節奏感

恐懼感也有分很多種，如果是自己完全手足無措，不曉得之後該怎麼辦的不安時，這種恐懼感會是最危險的，但如果是如何保持安全，讓自己擁有應付突發裝況的緊張感就很重要。

另外再跟各位自首一件事情，我因為長時間在比賽中奔馳，所以中了不全力攻略彎道就覺得不夠爽快的「毒」，為了「勒戒」也辛苦地度過一段時期，在這中間我一直貫徹壓車傾角不要過深的方式來騎乘，在一般道路上盡量不要側掛，嚴守同傾的方式過彎，將對於積極操駕的速度感，轉換成追求享受騎乘的「節奏感」。

從煞車開始，利用較淺的傾角一瞬間做出轉向的技巧要歸功於WGP時期在公路賽上的經驗，然後直接用著較淺的傾角開始迴旋，大手油門後榨出循跡力，迅速進檔讓迴旋中也能維持在低轉速域，這種平順減速、迅速小傾角壓車，然後轉開油門，「轟～喀、轟～咖」地持續進檔，反覆操作抓出節奏，挑戰不要讓節奏被打亂，習慣的話其實還蠻有樂趣的，而且整體過程相當流暢後，運動操駕的慾望也會被滿足。

各位也可以多加嘗試各式各樣比較沒有風險的操作技巧，熟練的話雖然無法體驗極速奔馳的快感，但卻可以加深與摩托車間的感情，提高人車一體感。

# Q 一檔和二檔的齒輪比相差較大 無法順利攻略低速彎道

**DUCATI MONSTER796 的一檔和二檔的齒輪比相差較大 在低速彎道時用著二檔 3～4000 轉速太低無法順利過彎 退回一檔後又突然飆高到 6000 轉左右，到底要怎麼騎才好呢？**

## 減少使用一檔的時機

當騎慣了日本製的四缸車款後，對於大型雙缸，特別是歐洲車款的操駕方式的確會有可能感到困惑，尤其是在掌握引擎特性和油門操控間的關係時，如果用著舊有四缸車的習慣來操縱的話，覺得操駕感受相當令人受挫的騎士應該所在多有吧。

首先來談談一般道路的操駕方式吧，對於這位讀者的問題來說，最好的答案就是無論是街道騎乘或是山路攻略的時候都不要使用一檔，因為在一檔的時候，只要轉速來到中速域，就算只是稍微扭一下油門都會急遽地加速，伴隨而生的頓挫也會讓後輪無法發揮出應有的抓地力。

所以就算是攻略髮夾彎這種低速彎道，也請把二檔當作最低的檔位使用，但是說 MONSTER 796 在 3000 轉無時法順利過彎的問題嘛……，的確，中排氣量的摩托車確實是沒有辦法像 1200 cc等大排氣量的重機，就算在怠速運轉的轉速域也能榨出瞬間加速的循跡力，但是 3000 轉左右的話應該是可以確實引導出讓出彎擺正更加穩定的循跡力了。

我想這中間最大的問題就是因為對於油門的開法不太了解，所以沒有轉開到一定的油門開度，導致動力輸出不足，最後才有 3000 轉左右無法順利過彎的錯覺。

在用二檔 3～4000 轉攻略低速彎道的時候，不能小心翼翼、好像邊轉邊試探引擎反應似的轉開油門，而是迅速平順地直接轉開一半左右，「什麼！這麼粗暴嗎？突然猛烈加速的話不是很危險嗎？」各位讀者看到這裡可能會有這種反應，但其實對於大型雙缸的 3000 轉來說不會有這種事，會讓後輪打滑的強勁扭力要到 5000 轉左右才會出來。

在 3000 轉的時候一口氣將油門轉開一半也不要緊，首先可以在直線上習慣一下加速感觸

就算是中排氣量的雙缸車低速時也會產生扭力

雖然是中排氣量的雙缸車款，但都已經有 800 cc的排氣量了，在低轉速域已經可以產生相當充沛的扭力，利用油門操作來仔細駕馭吧

但是年齡及資歷較深的前輩們可能會覺得轉速和油門開度應該要成正比，尤其是如果在低轉速時突然地大手油門的話，會無法配合點

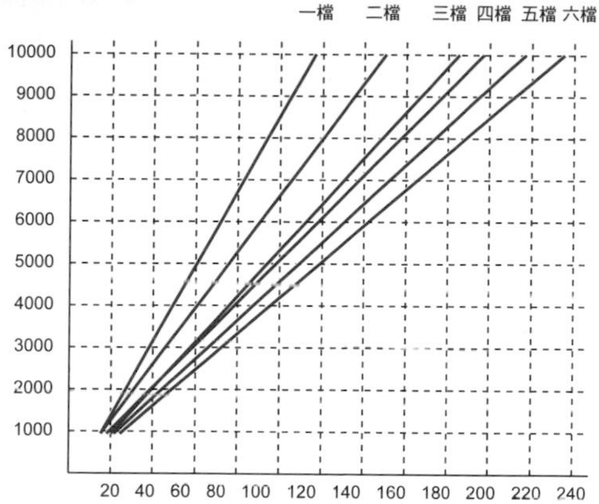


**一檔和二檔的齒輪比本來就會設計成相差較大**

基本上市售摩托車的一檔和二檔的齒輪比本來就會有相差較大的設定，這是為了一檔起步時和極低速行駛時做考量，一旦開始行駛後，就只使用二檔以上的檔位吧

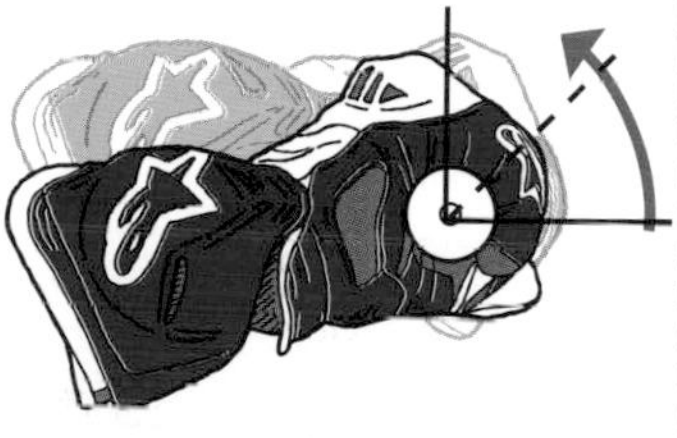

**從 3000 轉開始直接將油門轉開一半以上**

一檔的話轉速會過高，無法大手油門……，遇到這種情況的話可以試看看用二檔直接把油門轉開一半以上，這樣一來驅動力就會平穩提升。

火時機而產生爆震，進而傷害到活塞。

但那其實是化油器車款年代的事情了，現在最新的摩托車都有電子控制燃油噴射系統，以及藉由電腦控制的點火時機，所以爆震這種點火異常的問題已經不太容易發生了。

轉開油門賦予後輪驅動力到後輪產生一種沉近路面的循跡力中間多多少少會有點延遲，不過話雖如此大概也只是吸一口氣的瞬間左右，還不習慣的時候可以在前後都沒有車的直線上，二檔關閉油門，等待轉速掉到3000轉左右後一口氣將油門轉開一半，這樣一來應該就可以比較容易確認整體反應，如果感到循跡力有確實傳到後輪並慢慢開始加速的話就能平順地如同以往一樣加速到4～5000轉左右。

根據情況的不同，有的時候在3000轉時將油門一口氣轉開一半以上也沒關係，只要一開始有感覺到後輪被吸進路面的話，就不要猶豫地大手油門吧。

如果之後加速度過強的話就可以依照當時情況看是要關閉油門還是直接打入三檔，不管怎麼說最重要的還是一開始後輪咬住路面的部分，如果這時有正確地分配體重擠壓後輪的話，激發出來的循跡力和迴旋力可是隨隨便便轉開油門無法比擬的。

四缸車款在低轉速域時大手油門到扭力開始湧現的時間會比同排氣量的雙缸引擎多兩倍，就是這裡的時間差才導致騎士有無法產生扭力的感覺。

相反地雙缸引擎在低轉速域時就能持續產生扭力，擁有在3000轉時就能發揮40%～60%的扭力優勢，雖然在低轉速域時還是會有一點時間差，但只要確實大手油門，再利用現在摩托車都有加裝的電子系統的輔助，循跡力的效果還會更上一層樓，請一定要練習看看。

# A 起步之後就不要退回一檔 配合油門操作 讓操駕更順利

# 現在MotoGP騎士的操駕技巧 增加前輪負重是怎麼一回事？

**最近聽到大家都在說頂尖騎士會使用增加前輪負重的騎乘技巧 就物理上而言真的需要做到這種地步嗎？**

## 增加過彎性能

仔細聽聽比賽播報，的確會發現最近提到前輪負重的次數變多了，利用煞車時的反作用力使分配在前輪的重量增加，加速時的前輪負重則降至最低，幾乎都要翹孤輪了……。就算聽到別人這樣說，難以想像怎麼利用騎乘方式來改變前後輪負重的騎士應該也還是不少。

那麼首先為了不要讓大家對基礎產生誤解，先來說明摩托車的前後負重吧。靜止狀態下，也就是停車的時候，在騎士沒有跨坐於車上的情況下，單就車身重量對前後輪採計重量分配的數值時，我想各位在各式各樣的跑車介紹中都會看到類似的說明：「前輪50%、後輪50%提高過彎時的安定性」，因為前輪在迴旋時只會追隨後輪的軌跡，為了在過彎中能更有效率，引擎的搭載位置除了稍微靠前之外，也下了許多功夫，因為牽扯到技術層面和引擎構造上的關係，並不是三言兩語就能說明清楚的事情，但這樣的方式的確對於重量分配在前輪側上有極大的影響。

但是當騎士實際跨上摩托車後，後輪側的負重比例大約會增加到60%，而且這個比例還會因為騎乘時的加減速而有所變化。

在比賽時，騎士常常需要在減速到迴旋，迴旋到出彎加速的階段做如同在鋼索上跳舞般的極限操駕，這時就可以利用就坐位置和上半身的傾斜角度，以及煞車和油門的操作來維持或增加前輪負重。

就坐位置會直接對前輪負重產生影響，雖然比賽用的廠車都是單人座，但是在一腰側掛攻略彎道時，下半身必須要橫跨整個坐墊，這時為了讓外側的大腿可以抓住坐墊來穩定身體，座位的前後就需要保留一定長度的活動空間，當跨坐在摩托車上時，腰部前後大概還有20公分以上的移動空間，如果以上半身抬起的姿勢向前移動的話，就能簡單的增加前輪負重。

如果要仔細解釋前輪負重的話，正確來說應該有兩種涵義，一是指前輪接地點部位的負重，另一種則是指加諸於支撐前輪的轉向系統的負重。

**就坐位置對於前後負重也有極大的影響**

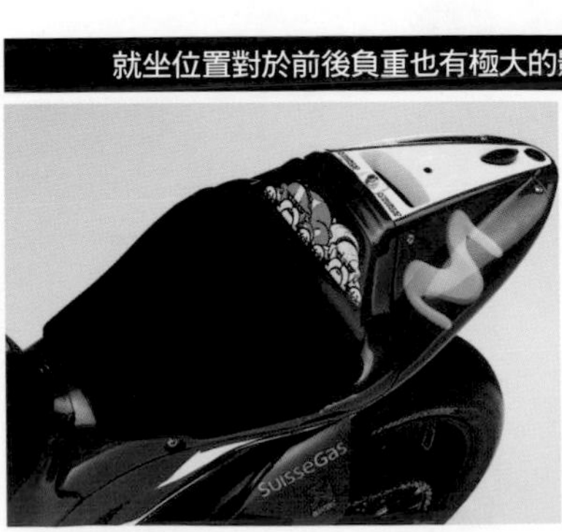


近年來的廠車和超跑在坐位的設計上都有足夠空間，可以讓頂尖騎士們在其上大幅度的前後左右移動腰部，進行縝密的負重管理

**車身前後的重量分配會因為騎士的位置和加減速而有著劇烈的變化**

假使靜止時前後輪重量分配是50/50的話，只要有人跨坐在上頭或是加減速時都會產生極大的變化，頂尖好手們就是在這種極限的狀態中努力找出最好的方式。

**纖細操控施加在轉向軸上的負重**

說到「增加前輪負重」時，並不是單純只講前輪接地面而已，藉由對轉向軸的負重控制，可以激發出前輪的迴旋力。

# 保持車身的穩定某種程度上也有讓轉向軸維持安定的效果

各位可能會覺得對於轉向軸施加重量的話就等同於增加前輪負重也說不定，但因為中間還要經過我們稱之為前叉的懸吊系統，所以不一定可以完全直接地將重量傳導至前輪，再者，以車身結構來說，要持續的對前輪負重本來就比較有難度，所以騎士才會盡量壓低上半身和頭部對轉向軸心加壓，努力維持出彎時的前輪穩定。

再加上MotoGP這種馬力大到感覺一不小心後輪就會打滑摩托車來說，前輪除了要有追隨後輪的基本功能之外，能否維持迴旋中的前輪迴旋力對於過彎的轉彎力也有極大影響，所以如何保持不會讓前輪負重的姿勢跑掉就至關重要了。

就算在MotoGP中，騎士也不會是用自己的手來轉動龍頭製造舵角，因為不管是哪種摩托車，只要無意義的施力就會降低迴旋力，但是在劇烈的負重變化中又不能讓前輪接地壓減少，又不能在前輪咬住路面的時候讓龍頭晃動，就算防甩頭可以稍微降低這種狀況，騎士多多少少也還是得靠自己的力量來抑制車身的晃動。

不可以出力操駕干擾車身，但是另一方面又需要出力來控制前輪負重，GP騎士在比賽中還不是普通的忙，了解他們的技巧後再觀戰的話，樂趣也會倍增喔。

# Q 換乘大排氣量超跑之後覺得摩托車好重無法順利轉彎……

從騎姿較直立的街車換乘騎乘姿勢前傾戰鬥的超跑但在壓車時總是覺得摩托車過重無法順利轉彎，令人感到不安

騎超跑的時候，上半身會極端前傾的關係，無法像站立時那麼習慣的移動身體重心，不曉得身體哪一部分施力才能順利讓車身傾斜，只好先讓雙手死命握著龍頭來支撐身體，然後將車身用力往內側壓，後果就是無論是不是輕量化的車款，在過彎時都倍感遲鈍，操駕滯澀。

那麼又該怎麼辦才好呢？先從改掉想用龍頭控制車身的壞習慣開始吧，因為不管再怎麼正確施力，都一定會影響到龍頭的角度，也就等於是妨礙到舵角，阻礙前輪自動傾斜追隨後輪的功能，為了避免發生這種問題，可以從距離握把基部一根手指寬的位置開始，只用小拇指和無名指捲住握把，就是握握把的訣竅。

體重移動的話最主要是靠下半身，並且將體重集中在臀部，把重量控制在左半邊或右半邊是最有效率的方法，另外配合彎道讓側腹往內側下沉，再搭配移動體重的技巧，應該就可以順利讓摩托車轉彎才是。

但只是模仿表面的話是沒有用的，重點在於明確地移動重心，還不習慣時可以讓腰跟側腹做較小的動作，但力求姿勢正確，訣竅就是先縮小腹，然後在配合切入時機放掉身體的力量，感覺像脫力一樣做重心移動。

對了對了，有一點必須要說的是市面上有些騎乘教學的書，內容說要把體重放在內側腳踏上，這其實一點意義也沒有，不管再怎麼用力去踩腳踏，身體的重心位置也不會變，所以踩腳踏這個動作看切入過彎一點關係也沒有。

## A 拋開使用龍頭控制摩托車的想法 利用下半身移動全身重心

### 只要掌握訣竅的話 也能和超跑人車一體

利用脫力的方式移動重心，並且在開始傾斜過彎時穩定身體與車身，諸如此類讓超跑平穩順暢轉彎的訣竅還不少，確實熟練的話，在攻略彎道時可是能享受到街車無法體驗的滿足感喔

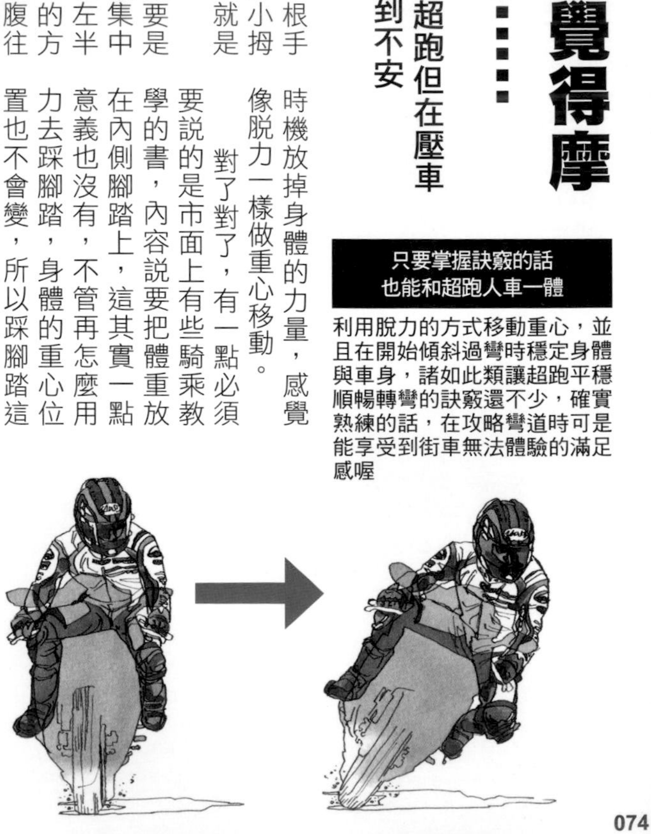

# III 部品篇

摩托車上有著難以細數的部品零件，騎士也有許多人身部品，其設計目的為何？身為騎士又該如何選擇？在騎乘時又該注意什麼？怎麼調整才能讓摩托車更好操駕？詳盡的解答盡在部品篇

# 高抓地力胎的抓地性能比休旅胎還要高出許多是真的嗎？

**休旅胎的抓地力性能已經充分讓人感到止滑效果了如果換裝高抓地力胎的話難道會有更好的抓地效果？另外，如何才能選到適合自己的輪胎產品？**

## 工作溫度才是重點

現今的休旅輪胎製造技術已經非常進步，在抓地力的性能方面已經不輸高抓地力胎，就連我自己在「Riding Party」中，於雙人雲霄飛車體驗騎乘中經常使用的BMW R1200ST，也是使用休旅胎哩。相信很多讀者都認為，既然都已經是賽道騎乘了，就應該儘量使用高抓地力胎，這樣才能真正放手大膽騎乘，不過我卻認為休旅胎就足夠了。畢竟摩托車原本的目的就是以休旅騎乘為主，因此對於騎士而言，休旅胎在接近極限方面的控制特性會比高抓地力胎還好。

高抓地力胎的性能確實可以幫助騎士做出令人訝異的深度壓彎傾角，但為了避免大家誤會，所以還是在此簡單說明一下，高抓地力胎的黏度確實夠，可是一旦超過輪胎黏度負荷時，將可能導致嚴重的橫向打滑意外，也就是說並非突然失去抓地力而空轉，而是會產生大幅度輪胎打滑。我既然帶人做雙人騎乘，就有責任採取安全措施，這也是我選擇使用休旅胎的原因之一。

更何況近幾年來休旅胎在製造技術方面有著長足的進步，相信大家只要一想到輪胎的抓地力，首先出現在腦海的印象大多都是與胎面配方的柔軟度有關。當然這確實是評價輪胎抓地力的重要條件，但相較之下其實還有一個更重要的條件，那就是「結構性抓地性能」——意即在輪胎受荷重影響使接地胎面變形時，輪胎整體在承受荷重應力下如何支撐、輪胎的斷面結構，也就是曲面的變形程度不致產生過大負荷而能撐完整個過彎程序的特性。休旅胎在這項結構性抓地性能方面，從設計源頭就被賦予要比高抓地力胎還更高標準的要求，之所以如此是因為休旅胎是以穩定

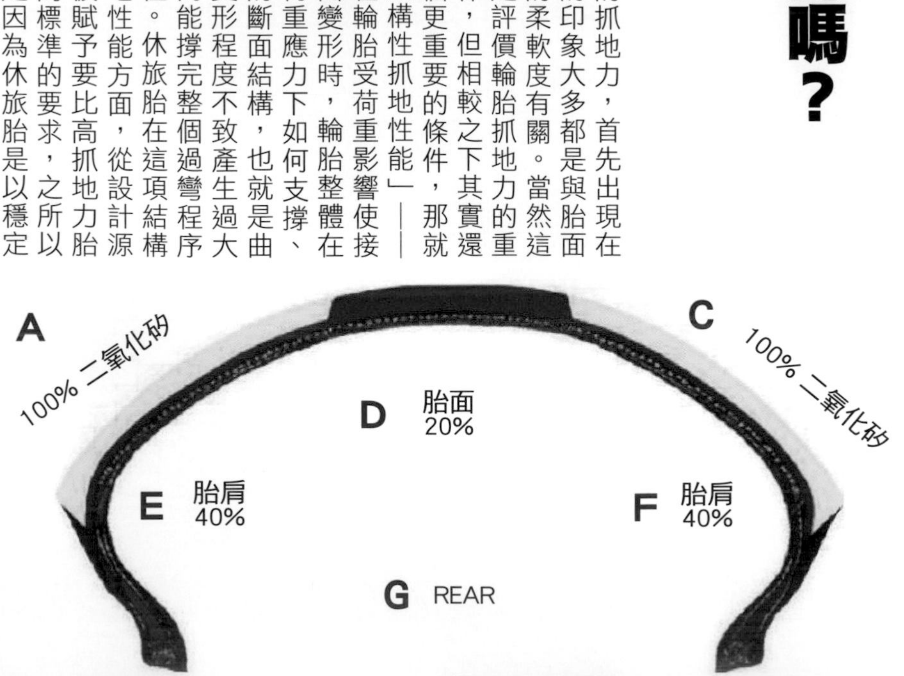

# 最新休旅輪胎擁有令人訝異的抓地性能 A

性為最優先考量，其次則是在濕滑路面或者低溫狀況時都還必須保持適當抓地力的要求。畢竟橡膠的特性就是隨著溫度的提升而愈加柔軟，這也是讓輪胎保持抓地力以及防滑走的重要物理特性。然而專為休旅胎所開發的配方卻對溫度的依賴性不高，即使在低溫的外在環境下依然保有相當程度的抓地性能，這在技術開發時面臨相當大的挑戰，畢竟當初是在提升配方基礎性能的目標下完成開發研究的。

休旅輪胎發明後，騎士在休旅騎乘時再也不需要總是豎起神經，大幅降低了騎乘時的疲勞度。在揉壓輪胎的過程中，就如同最近在雜誌中經常提到的，輪胎所受荷重與打滑程度有逐漸脫離的趨勢，反而是越加重視騎士的油門操控技巧以及體重控制方法，從輪胎的抓地性能來提升操控技巧。最近新上市的休旅胎在抓地性能的表現已經有令人眼睛為之一亮的成績。

說明到此，如果換裝高抓地力輪胎的話，在抓地性能表現方面又是如何變化呢？「以既深又猛的過彎傾角持續數秒鐘的時間在彎道內前進」這樣的景象應該只有在賽道上才看得到，而且只有在這種特殊狀況下才能真正發揮高抓地力胎的性能。畢竟這種輪胎的設計概念是以運動特性為最優先。不過如果將時令轉到寒冷的冬天，在環境氣溫與路面的溫度都很低的狀況下，都不利高抓地力胎發揮性能，這也是我推薦大家使用最新休旅胎的最大原因。

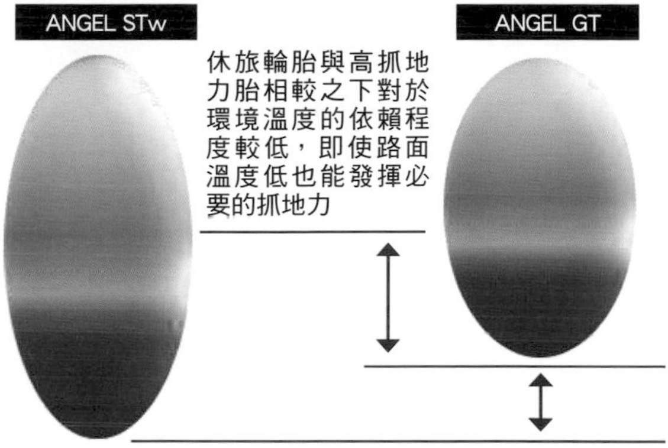

休旅輪胎與高抓地力胎相較之下對於環境溫度的依賴程度較低，即使路面溫度低也能發揮必要的抓地力

### 依據各項騎乘條件分別配置各種配方比例

最新的休旅輪胎產品，採用即使外在環境惡劣也能發揮高度抓地力性能的配方，並且根據各項騎乘條件配置不同的輪胎配方比例，確保輪胎的耐磨耗性以及抓地性能。

### 當接地面擴展抓地力自然提升!!

ANGEL GT為了抑制輪胎磨耗而縮短了輪胎中央接地面的前後長度，將胎面擴展後確保足夠的接地面積，並且提升輪胎的抓地力性能。

# 輪胎的胎壓究竟應該以車廠還是輪胎廠商規定的數值為準？

**本人最近換了新輪胎，但是跟摩托車所指定使用的輪胎型號大約差了兩個世代左右，遇到這種狀況，到底胎壓的設定值必須依照摩托車廠的規範？還是輪胎廠商的規範呢？**

## 兩者皆可

要談到輪胎的指定氣壓值，一般在摩托車的搖臂上都會貼著寫有胎壓值規範的貼紙。不過輪胎製造商也會在該公司型錄內註明商品的建議胎壓值，想來這會讓許多車友們感到無所適從。

大家只要依據貼在車體上的標記貼紙進行胎壓設定就不會有錯了，至於輪胎製造商所標記的建議胎壓值，有時甚至是標示一段幅度的建議值，不過這通常與摩托車廠的指定胎壓相去不遠，實話來說，無論根據那一方來設定胎壓皆無問題。

現在市面上所販售的新式輪胎都採用輻射結構，擁有寬幅且柔軟的胎面，對於路面不平處都有良好的追蹤性能，因此即使為了應付雙人乘載等高荷重狀況而必須提升胎壓，其路面追蹤的能力也會相對提升。至於為何應付高荷重必須提高胎壓？這是因為要讓輪胎足以承受來自路面的坑洞或者高低落差的衝擊。萬一輪胎壓力不足，在最極端的狀況下很可能導致輪圈的輪緣因此受創變形的話，可能會讓輪胎內的空氣瞬間全部外漏，這有可能讓騎士陷入轉倒危險。

如果是進行賽道騎乘，則建議將胎壓調整到比一般公路指定壓力稍低，不過大家要特別記得，在賽道騎乘完畢後，畢竟還是要利用一般公路回家的，所以在重返公路前還是要記得把胎壓重新調回公路指定用的胎壓值。

另一方面，如果是輪胎製造商所指定的胎壓值幅度，在此範圍內進行一般騎乘時，在性能方面並不會感到有任何突兀之處。嚴格來說，其實騎士只要按照自己的喜好來選擇即可，不過就算這麼說想必大家也還是一頭霧水吧？以輻射胎結構的輪胎來說，胎壓值改變前後的差異在於以大傾角壓車過彎時的

**根據接地胎面的不同使用不同的輪胎配方**

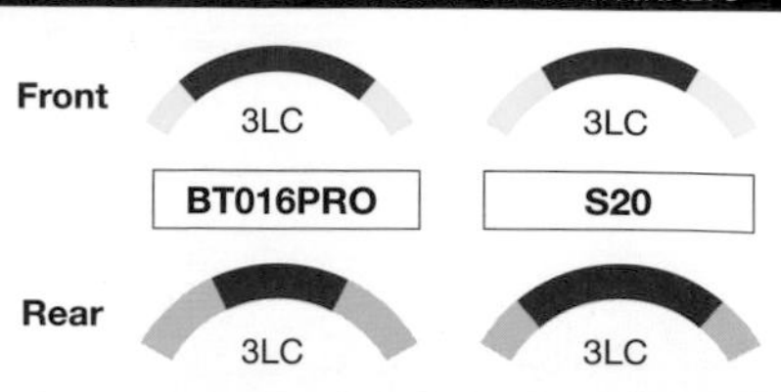


配合產品型號的不同，輪胎製造商會改變或調整輪胎生產配方，比如說前輪側邊採用較柔軟的材質，受力較重的中間部分則廣泛使用較硬的橡膠，這麼一來就能成功提高抓地力及迴旋力。

這是市售輪胎產品中第一款中央部位與側邊部位分別使用不同配方所製造的產品。並以「PILOT POWER」為名推出市場。其後隨著技術的發展進化，逐漸提高車體迴旋中的穩定性，進而開發出「PILOT POWER 3」。

### 新舊款型號之間最大差異在於接地面積的不同

以 ANGEL GT 為例，工程師縮短了接地面形狀的前後距離，同時提高寬幅，進而達到了比舊款輪胎更高的耐久性。同時由於總的接地面積增加，因此也獲得了較大的抓地力性能。可謂是一款高 CP 值的運動兼休旅騎乘雙用輪胎。

## A 無論依循哪一邊標準 都不會有安全之虞

操控手感、以及以快速傾斜方式回穩到迴旋狀態的時效等，但是騎士恐怕是必須累積了相當長久的騎乘經驗後，才有可能體會出這些微小的差異，不過體驗騎乘感受對於騎士本身而言未嘗不是一件從做中學的好事。

不過如果像讀者所述，使用的輪胎與指定胎差距兩個世代，是否會有輪胎與摩托車之間相容性不佳的問題？或許有相同煩惱的車友不在少數，不過這些都是杞人憂天的，因為輪胎的發展演進向來都是對每款摩托車而言只有加分沒有減分的道理，尤其是新式輪胎都是以路面追蹤性能良好的輻射胎面結構為基礎，再加上環帶寬幅或者細微的胎體斷面曲度調整，藉以強化提升輪胎的撓韌度以及抓地力等性能。

如果這些輪胎的基本性能獲得提升，就可降低暖胎的程度與程序，此外在騎乘穩定性以及攻彎時的極限區域將更為擴大，並且透過製造胎面所使用的硬質配方（橡膠材質）以及軟性材質彼此間的比例調整，讓輪胎更耐磨並且在壓車過彎時有更突出的抓地性能等等，可說是好處說不完，在過去我們也曾為大家解釋過，輪胎其實是有保鮮期的。最理想的狀況是跑了兩個季度後就應該更換新品。可能大家都認為既然胎面溝紋還很明顯的話，就不用急著換胎。不過即使一條輪胎用了五年，我們也無法斷言就真的會發生危險，但如果萬一遇到什麼狀況，由於輪胎的回復性能喪失，恐怕危險因子不會減少只會增加。

再者，如要更換輪胎一定要前後輪同時換掉。有許多朋友可能認為既然前輪沒啥磨耗，當然就不用更換。但如此一來就會導致摩托車的前後輪出現彼此不同世代與設計理念的產品。打個比方，後輪自直線前進到開始壓車做出淺淺的過彎傾角時，前輪必須老實並毫無遲延地進行迴旋追蹤，因此自開發階段起，前後輪胎就是成對開發，並且還必須考量到彼此微妙的曲線搭配以及胎布纏繞的配置結構等因素。或許有朋友會覺得：反正自己的操控技巧也沒有到那麼細節的程度，不過我還是必須苦口婆心地提醒大家，畢竟這是關係到日常騎乘的安全相關要素，同時更是在關鍵時刻保護安全的最後防線之一，請大家一定要牢牢記在心裡。

# 輻射胎與斜交胎在煞車時有什麼不一樣的感覺嗎？

**在Riding Party參加過根本先生的雙載體驗，發現在彎道中煞車時車身有著驚人的穩定性，這是因為配備了最新式的輻射胎才有辦法達到嗎？根本先生的愛車是配備了斜交胎的V7，也有辦法使出同樣技巧嗎？**

## 抓地力增減變化較大

這位讀者在日本舉辦的賽車場騎乘會—Riding Party裡參加過由我親自操刀的雲霄飛車雙載騎乘體驗，也謝謝這位讀者的捧場，如果是您所提及在彎道中會使用煞車的情況，那我想除了袖浦森林賽道之外應該沒有其他地方了吧。

這個賽車場有著複合彎道外加下坡路段，當賽道多了上下坡度的差異後，整體難度就會提升，所以這條賽道全長雖短但難度頗高，賽道整體的設計方式是越騎越能加深樂趣和醍醐味的一條深奧的跑道，也是一條適合從初學者開始慢慢鑽研並且享受操作技巧提升的一條跑道。

在中途需要維持壓車傾角，在處於加速狀態下直接煞車的地方有兩個，要攻略這兩個地方我想需要一定的經驗，從外觀看起來很容易讓人誤會是傾角不變直接煞車，隨即釋放就能提高迴旋力道，但實際內容上卻是如同摩托車基本操駕技巧一樣，先輕點前煞後再重新釋放煞車讓摩托車中途再改變一次行進方向的騎乘技巧，簡單來說就是二次轉彎。

不好意思，我知道這樣說明反而會讓人更摸不著頭緒，但要點就是利用身體和重心的控制，來平衡煞車時讓車身擺正的反作用力，不要讓車身直立或改變傾角，然後再配合切入釋放煞車的時機稍微將重心往內側移動些許，車身就能更輕易傾倒過彎，維持平衡時請注意不要刻意抑制前輪擺正的力量，而是留心前輪擠壓程度，一邊調整煞車強弱，一邊分配負重來取得平衡，當然這時煞車的強度不會如同直立時一樣強。

這個和之前茂木Twin Ring賽車場的日本GP賽事中，騎士攻略Victory彎道時由左側切入的狀況一樣，如

**雲霄飛車雙載體驗**

日本雜誌主辦的「Riding Party」，坐在前GP騎士根本健先生的後座，親身體驗操駕技巧的一個活動，可以利用藍芽對講機對話的關係，較能感受煞車與切入的時機，如果對於騎乘技巧有疑問的地方，一定要來參加體驗看看。

前輪

後輪

**前輪與後輪內部構造不同**

後輪採取胎體的廉布層上的紋路和圓周垂直成直角分布（輻射胎）的簡單構造，但前輪絕對不會採取直角分布，而是為了安定性考量使用內部構造排列較複雜的輪胎，所以基本上各種摩托車前輪都是斜交胎。

古董車比賽-AHRMA。今年是第14次參戰，圖中在場上奔馳的1972年款MOTO GUZZZI V7因為比賽規定，所以必須裝著比現在還細的輪胎，在壓車時操控煞車，減速幅度頗大。

果還有影片的話，仔細觀察騎士右手和上半身的肩膀與頭部之間的位置關係，但事實上從旁觀的角度看是很難理解箇中奧妙，在文章中能訴諸筆墨告訴讀者的答案也只能說重心大約移動一個拳頭的距離來取得平衡。

關於新型輻射胎才能達到的操駕技巧換成斜交胎的話有什麼差別？基本上前輪都是採用斜交胎，後輪才能因為輻射胎的關係改變各部位的強弱平衡，但我反而覺得無論何種負重方向的角度都能回饋一定的反作用力的斜交胎更令人安心，但是不論什麼場合，後輪的抓地力都是安定性的基礎，所以這個技巧的容錯率會隨著輻射構造的後輪能否確實咬住路面而提高。

我騎著1972年MOTO GUZZI V7在參戰AHRMA比賽時，礙於規定只能配備出廠時的輪胎形式與尺寸，所以後輪的路面追隨性有一定的限度，而我就使用著這種抓地力變化幅度比想像中還大的輪胎在壓車的時候減速。

而且在攻略需要含住煞車直到彎道深處的髮夾彎等等傾倒速度慢且迂迴的彎道時，就必須讓釋放煞車的區域地延長到切入中途，其間也必須慢慢減弱煞車力道，如果維持不變的話會讓過彎變的更困難，這個原則不管在什麼場合都不會變的。

## A 後輪抓地力是操駕基礎 以V7來說 增減幅度比想像中還要大

# GP廠車的輪胎為什麼都是16.5吋呢？

**這一季的MotoGP比賽也快結束了為什麼GP廠車的輪胎採用的市售車沒有的16.5吋呢？這一點一直令我很好奇另外聽說2017年要開始採用17吋輪胎，這樣對於騎乘時會有多大的影響呢？**

## 增加胎壁面積

如同這位讀者所說的，MotoGP廠車的前後用都使用16.5吋輪胎，比各位的摩托車再稍微小一點的特別尺寸。

但說直徑比較小，也不過只是輪框尺寸罷了，整體外徑幾乎沒什麼變化，這是因為MotoGP比賽時會用著相當猛烈的傾角來過彎的緣故，意圖利用吃滿傾角的壓車狀態，來增加胎面與地面的接觸面積，說的更詳細一點就是想要增加從胎面中心到兩側邊緣，如同王冠一般覆蓋著，在專業用語上叫做胎肩或是胎冠的部分與地面的接觸面積。

但也不能無限度的擴張，如果想要擴大這部分的面積，就必須讓輪胎的中央部分往圓周的方向膨脹，而輪胎的直徑是靠著比例平衡良好的內外徑大小來決定的，讓騎士跨坐在座位上時輪胎左右不會接觸地面，WGP歷經60年以上，這個比例都沒什麼太大變化，是因為座高必須配合輪胎外徑擴大一起升高，導致與腳踏間的距離變長，最麻煩的一點是重心會提高，百害而無一利，所以就算沒有硬性規定輪胎尺寸，就是因為上述之理由，外徑基本上沒什麼太大的變化。

所以就只好不改變外徑來增加胎肩的面積，也就是有刻上品牌名和輪胎尺寸，俗稱胎壁的部分。

胎壁對於輻射胎來說是極為重要的角色，除了維持輪框和輪胎互相嵌合的剛性，負重增加時可以變型讓胎面增加與地面的接觸面積，還有減緩衝擊力等等，其實要求著各種複雜的性能。

那麼要如何在不變動外徑的情況下增加胎壁的面積呢？沒錯，除了縮小作為輪胎內徑的輪框以外，沒有別的辦法了，但是這個也有一定限度，如果輪胎體積過大時，在超高速下還要對抗離

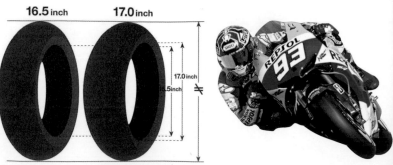

**意圖增加抓地面積**

如果不想擴大外徑，卻又想增加胎面傾斜的部分時，只有縮小輪胎內徑才有辦法達成了。

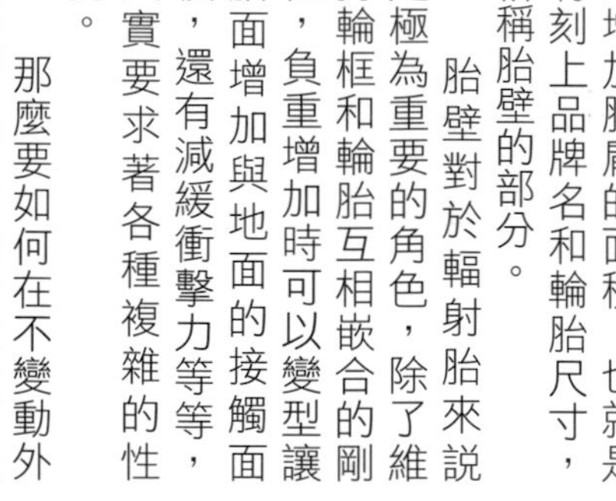


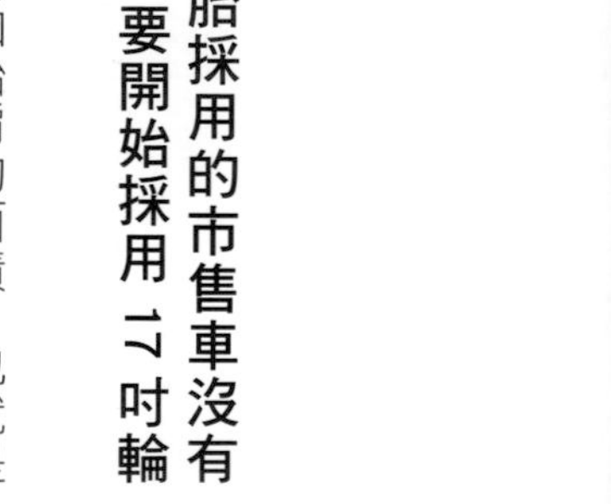

① 騎士的身高有一定的範圍
② 壓車傾角由腳踏位置決定
③ 必然可以決定座位高度
④ 輪胎大小不能影響後避震的行程
⑤ 因此可以決定輪胎外徑大小

2013 年 HONDA CBR1000RR

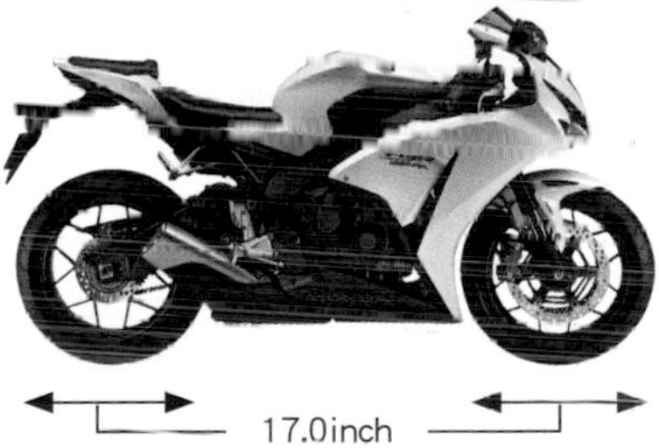


2014 年 HONDA RC213V

# A 為了在彎道中增加接地面積

在這期間構成胎面的簾布層

使用到現在已經超過30年，能極高的輻射胎構造從開始太可能的，因為追隨路面性過彎從此已成絕響，也是不減，但要說Marquez的磨肘肩的面積理所當然就會被縮17吋的輪胎，這樣一來胎比賽開始嚴格規定只能使用技術回可反饋到市售車上，

心力的強度、維持吸收衝擊的面積以及剛性的平衡就有難度了。

　大概就是因為這些原因，16.5吋的特殊尺寸輪胎才成為MotoGP的慣例，M rquez可以用著前所未有的深度傾角磨肘過彎，可以說也是多虧了16.5吋輪胎的關係。

　但是2017年為了將賽到技術回可反饋到市售車上，比賽開始嚴格規定只能使用17吋的輪胎，這樣一來胎肩的面積理所當然就會被縮減，但要說Marquez的磨肘過彎從此已成絕響，也是不太可能的，因為追隨路面性能極高的輻射胎構造從開始使用到現在已經超過30年，在這期間構成胎面的簾布層的構造和橡皮的材質有著驚人的進化，這麼看來，現在輻射胎已經有著比以前還要高的路面追隨性和抓地力，所以我斷言M rquez還是有使出磨肘過彎這種高難度技巧的可能性在。

　Michelin輪胎從2017年開始成為MotoGP的輪胎供應商，在WGP時期身為第一間將輻射胎實裝的先驅者，Michelin又會帶來什麼樣的技術革新呢？為了將技術可以直接回饋到市售車上而直接規定使用17吋輪胎，對於我們來說也是利多於弊。

　當然2017年有許多不利於Michelin輪胎的說法，但一間好的輪胎廠才有能力在困境中成長，就讓我們拭目以待吧。

# 光頭胎沒有胎痕 為什麼抓地力比較好呢？

在MotoGP或是其他賽車場合都會使用沒有胎痕的光頭胎為什麼沒有胎痕的光頭胎反而有比較好的抓地力呢？

## 光頭胎的材質不同

各位所騎乘的摩托車的輪胎，在與地面接觸的胎面部分都會有各式各樣種類的胎痕，如果經過磨損，胎痕越來越淺的話就越容易打滑，但是本來目的就是追求強大抓地力的賽車用輪胎，一開始就是使用平滑的光頭胎，如果只是因為沒有溝槽可以增加接地面積這種簡單理由的話，那一般道路所使用的輪胎，只要不下雨的話是不是也可以磨的越平抓地力越好？……當然不是這麼一回事。

光頭胎在胎面部分所使用的橡膠材質，專門用語稱之為Compound，是由不同材料與比例混合而成，跟一般道路使用的輪胎完全不一樣。最大的差異就是柔軟度，讓輪胎擠壓路面的時候，胎面可以因為負重的關係而大幅度變形增加接地面積、緊貼地面發揮出強大的抓地力。

## 工作溫度要求嚴苛

但要如何維持這種狀態就是極大的課題，在發揮到極限時輪胎的表面溫度會介於攝氏100～140度之間，這時含有硫磺成分、以複合材質構成的合成橡膠就會因為溫度的關係而產生變化，隨著行駛時輪胎逐漸磨耗，這些變化的部分就會剝落來維持抓地性能。

但是輪胎的緩衝能力和抓地力會隨著胎壁越來越薄而下降，也就是説利用表皮剝落來維持抓地力，但魚與熊掌不能兼得，光頭胎也一併擁有剝落到了一定程度後就會突然打滑的棘手問題，所以我們在看賽事轉播的時候常常會聽到選手是選擇軟胎面還是硬胎面，對於比賽後半段會有極大的影響，也是左右比賽的一個極大的原因。

## 確實暖胎增加抓地力

但是輪胎的性能與溫度有直接關係，如果在事前好好用暖胎器暖胎或是在道路上也有確實暖胎的話，也不能説完全無法在一般公路上使用光頭胎。

**比賽用的光頭胎一定要先用暖胎器才能上場奔馳**

比賽用的光頭胎有相當依賴溫度的特性，如果沒有達到一定工作溫度的話無法發揮出全部的效能，因此在比賽前都須要先用暖胎器確實暖胎後才能開始行駛。

### 緊貼路面 發揮抓地力

賽車用光頭胎因為質地較軟，可以讓胎面緊貼路面發揮出強勁的抓地力，但是卻無法長時間維持，只要磨損到一定程度，輪胎性能就會一口氣下滑。

### 輪胎的胎痕是設計來對應各種道路狀況

輪胎胎痕的功用不單單只有排水性功能，還可以讓胎面的柔軟度增加，更能配合隨時變動的道路狀況做改變，也就說比起胎痕較少的高抓地力胎，旅行胎對於路況的應變能力較強。

# A 材質的柔軟度和一般公路胎完全不同

## 胎痕有助於增加柔軟度

相對地，各位的所裝備的一般輪胎，胎面的材質雖然一樣可以產生各種變化來對應路面溫度和狀態，但其實要歸功於表面上刻的胎痕，各位可以摸看看胎痕的邊緣處，轉角的地方是不是比較柔軟一點呢？除了表面的部分以外，胎痕部分的廉布層纖維可以在強大的負重中一邊確保輪胎剛性，一邊確實變形增加接地面積，也就是說，這些刻痕除了在雨天可以排水、讓輪胎為持接觸地面的狀態之外，還有助於增加胎面的柔軟度，讓輪胎可以隨時配合路況的改變，例如高低起伏或是路面縫隙不平處，所以當胎痕越來越淺時，柔軟度不足導致緩衝力急遽下降，就會提高突然打滑的危險性。

## 跑旅胎逐漸流行

所以當了解胎痕的構造與作用的話，也不難理解高抓地力輪胎和旅行胎有甚麼不同了吧，比較類似比賽用光頭胎的高抓地力輪胎因為胎痕較少的緣故，在路面情況良好的時候可以發揮出極佳的性能，但是比較不擅長應付溫度較低或是惡劣路況，而且因為使用比較容易磨損的材質，輪胎壽命也比較短一些。所以受到近年來跑旅胎持續進化的影響，歐洲等地的騎士開始漸漸改換成旅行胎的風氣也不小，而實際上現在跑旅胎所具備的抓地力甚至已經可以和高抓地力的熱熔胎媲美，工作溫度的要求又沒那麼高，如果是習慣在道路上騎乘旅的人，跑旅胎還是比較好的選擇。

# 更換或升級腳踏改裝套件對於騎乘操控是否真有幫助？

本人打算從腳踏的更換開始嘗試進入改裝套件的世界但是卻苦於不知到底應該以何為基準。改裝腳踏的話，真能改善騎乘操控特性嗎？

## 腳踏後移是以前的流行

如果是資深車迷的話，由於改裝腳踏過去曾經有過一段瘋狂熱潮，如果想要展現自己的博學多聞，改裝腳踏確實是一個入門改裝不錯的選擇。

不過，當年摩托車市場無論是在騎乘操控或者製造方面都是一段高度變化整合時期。當時所謂的超跑，多指的是配備高手把、騎士以不前傾姿勢騎乘的車款。那是跟賽用摩托車同樣採用全罩式防風罩搭配分離式手把，或者如同美國的AMA超級摩托車大賽中出場的那種迷你防風罩搭配半高手把，以求具備豪快的彎道進攻能力以及流暢的騎乘操控感。當時幾乎所有人的夢想就是希望在林道騎乘時秀一手哥哥有練過的華麗攻彎美技，以博得眾人驚艷讚嘆的目光。

這種重視彎道攻擊的騎乘方式與技巧，對於過去以高手把為前提的摩托車而言，騎士的乘車位置必然採取極度往後挪移的位置，在當時也蔚為主流。當年就連油箱以及夾膝部位也都一塊往後延伸而採用加長型的設計，當然腳踏位置也就跟著往後方挪移了。原本設置在傳動齒輪附近的排檔桿也為了配合腳踏位置而採用以連桿中介的結構設計。

所以當時將腳踏位置往後挪移改裝已經成為一股銳不可擋的風潮與流行，而且還成為判斷騎士技巧高低的重要依據：好像是如此吧？雖然這種說法沒有一定的判斷標準，但在當年確實就連阿貓阿狗都爭相恐後地進行腳踏位置挪後的改裝。

不過時至今日，騎士需要更大空間的腰部位移度已經成為標準設定。在此種騎乘方式下，如果腳踏的位置太過後方，會在攻彎時對騎士的操控造成妨礙。首先就是當騎士的腳踝位置如果往後方挪動，則上半身很容易變成趴伏的姿勢。如此一來則騎士的體重就不可能僅施加於坐墊而已。如此將影響到摩托車的循跡力等各方面的表現，並損及騎士原本應該把體重穩穩傳達給後輪的

### GP 賽車所安裝的腳踏位置比大家想像的更趨前

如果大家仔細觀察一下近年MotoGP賽車的結構，就會發現腳踏的裝置位置比以往更加趨前。這樣的改變是因為車手根據騎乘狀況而改變騎乘姿勢後所提出的要求。主要也是為了控制車身前後荷重的配比。

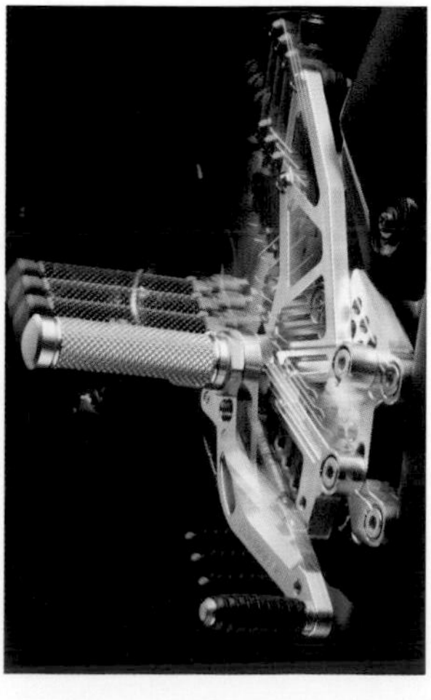

光彩奪目的搶眼造型
也是改裝套件的功效之一

配合騎士的操控習慣
變更腳踏的裝置位置

在進行腳踏板的改裝套件更換時，也是騎士審視自己騎乘姿勢、並針對騎乘習慣量身訂做與自己最貼合的摩托車的最好機會。在找到最佳參數的騎乘操控位置前，不斷進行測試，並從中進行經驗累積也是改裝摩托車讓人深深著迷的原因之一

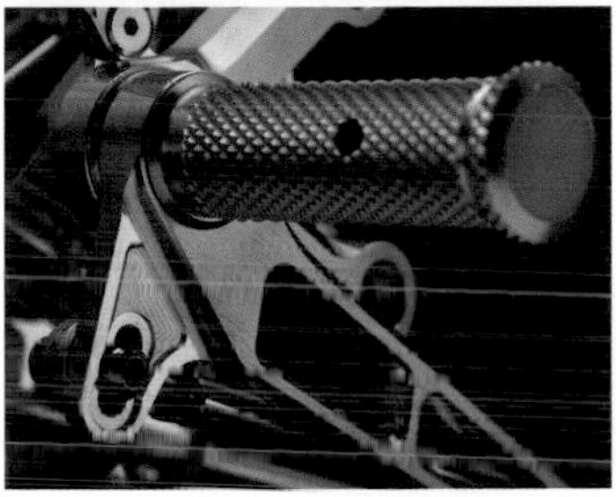

改裝套件之所以人氣居高不下，主要原因之一便在於採用高級材質並利用特殊加工技巧創造出光彩奪目的美麗工藝極品。以高精密度的NC旋削加工所打造的工件表面，散發出纖細及閃閃發亮的機件美感

# A 惟有配合騎士的操控習慣 改裝套件才能真正發揮 箇中價值與功能

效率。除此之外，在壓彎過程中原本騎士應該是藉由外側腿部從膝蓋到腳踝處的小腿來勾掛車體以穩定騎乘姿勢。但如果彎道外側的腳踏位置太過後方，則將造成騎乘姿勢的不穩定。同理，彎道內側的腳踏位置，相對於坐墊位置可能會讓騎士的腰部處於不易穩定的狀態。進一步分析，自心側轉往左側傾壓的車體，如果要再往反向切換傾斜時，騎士在移動腰部時也很容易往前或往後施加了餘贅的力量。因此對於需要非常激烈的騎士位移的賽車而言，腳踏的裝置位置是會比大家所想像的都還要往前許多。

所以大家聽完後是不是覺得那幹嘛還需要把腳踏位置往後挪移呢？不是多此一舉嗎？其實不是這樣的。確實對於過去的摩托車而言，腳踏往後挪是沒有必要的，比如說腳踏的裝置高度即使因為騎士的腿長而可能在攻彎過程中容易接地，因此只好將腳踏位置挪低以省卻不必要的氣力浪費，算是特意的安排。同樣的道理，腳踏的前後位置關係也是在考量騎士的體格或者操控方式而有不同的變更原則。總之對於騎士本身而言，腳踏的位置過高或過於往後都不是一件好事。對我而言，稍微往前挪的腳踏位置是最適合自己的騎乘操控習慣。所以所謂的腳踏往後挪動，其實內容是包羅萬象的，決不是單純往後挪動那麼簡單。

也就是說，搭配騎乘姿勢與操控習慣，再考慮到騎士的體型等綜合判斷後所做的腳踏位移，才是現代版的腳踏改裝原則。何況現在的改裝用腳踏套件都經過完美的輕量化與剛性提升加工，每一件都如同藝術品般光彩奪目。大家不妨找一家老闆具備專業知識的改裝店，聽聽老闆的建議與分析，找到自己最適合的腳踏位置與套件。惟有近乎量身打造的改裝套件，才是改裝套件存在的真正價值所在。

# 一般騎士也可以明顯感受更換避震器後的差異嗎？

**我的愛車已經騎了六年正在煩惱是要請人細部分解保養，還是乾脆換一個新的避震器算了像我們這種普通人也能感受到更換避震器後的效果嗎？**

## 一定會非常有感

那我先從細部分解保養避震器的效果開始說明吧。在避震器的零件中，有一個叫做阻尼的機能內藏在叉管裡面，它可以抑制彈簧在壓縮和回彈時產生的晃動，加速車身回歸穩定。原理是利用阻尼油通過細小通路時產生的阻力，阻尼油雖然不像機油一樣需要頻繁更換，但時間過長也會污染變質使功能下降。愛車已經騎了六年，差不多是可以更換阻尼油了，但如何減少油質變異導致機能顯著下降的情況才是重點。

前叉有分內管和外管、後避震也有軸心和外管兩者會重複做出壓縮與回彈的動作，為了讓來回移動時阻尼油不要外漏，所以加裝了稱作油封的橡皮環，但是因為內管和軸心的內部直接接觸阻尼油的關係，回彈時就算有油封阻檔，也還是會帶出微量的阻尼油，長時間接觸空氣的話也會乾掉，所以很難注意到漏油的情況，如果飛石或塵土去傷害到內管或軸心時，阻尼油也有可能因為油封變形而外漏，這樣的話阻尼油就會快速減少，導致機能大幅度下降。

因此細部分解保養可以

**確實地調校設定就能完全地發揮效果**

改裝後避震還是推薦交給擁有專門知識和經驗豐富的專業店家來做更換，需要重新設定的場合也能確實感受到效果。

**更換避震器可以發揮完全不同次元的性能**

避震器改裝部品的阻尼的構造和材質、路面追隨性和吸收衝擊的機能，有著和標準配備的避震完全不同次元的性能。

### 仔細檢查油封

雖然無法用肉眼檢查避震器內部零件，但可以從外面觀察油封的狀況，確認有無漏油或是破損，仔細檢查油封的狀態吧。

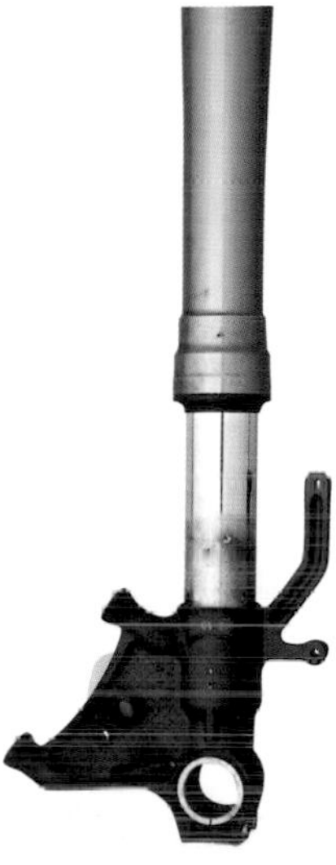

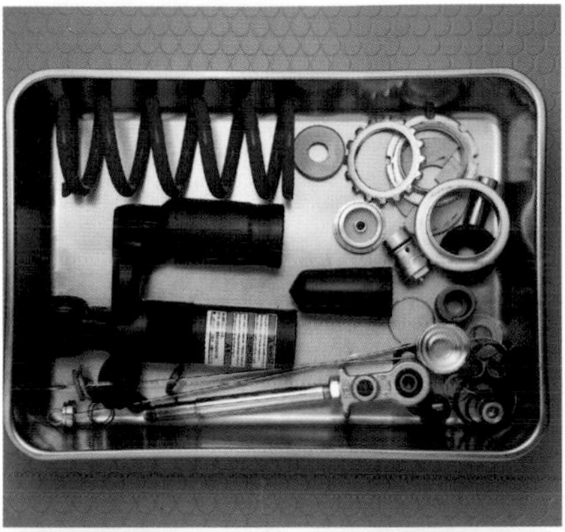

### 細部分解保養可以讓原有的機能復活

有些店家可以把避震器細部分解，除了檢查每個零件和更換阻尼油之外，還有提供提高性能的各種調校服務。

# A 誰都可以清楚感受完全不同次元的機能

讓避震器回復本來應有的功能，效果相當顯著，這點我想不論是誰都能清楚感受，另外某些專業的店家甚至還有提供奈米鈦鍍膜的服務，可以讓表面光滑，防止避震器受到飛石塵土的傷害，讓前叉的性能和耐久度大幅提升。

那麼接下來就來談談改裝後避震的效果吧，避震器的改裝部品和大量生產的標配款有著完全不同次元的效能，最大的差異應該就是阻尼的構造了，雖然避震器最大的目的就是為了吸收來自路面的衝擊，但也有著要能承受突然增大的負重和小幅度改變負重時不要讓振動影響車身等各式各樣的功能，所以藉著有著複雜油路的內部構造與相關機能，讓避震器可以達到隨著外來力量的大小自動調整緩衝力這種高難度的要求。而且所有的材質和硬度都要能抗熱膨脹，這點對於一開始起步的瞬間有著決定性的影響。

所以就算不去比較標準配備和改裝套件兩者的路面追隨性和吸收衝擊的性能，單單只論起步瞬間後輪咬住路面的反應和行經凹凸不平地的感觸，應該誰都能感受箇中差異，但是一支後避震不太可能完全對應所有機種，彈簧的係數都會有些差異，改裝後若是沒有經過調校的話，有時也很難體會其中的優點。所以委託擁有專門知識和經驗豐富的專業店家來做更換，我想是活用改裝後避震效果的必要條件吧。

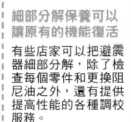

# 高價的煞車卡鉗有什麼樣的效果呢？

**朋友向我說過「煞車就是要用 Brembo 的卡鉗」如果改裝成這種高價格的煞車卡鉗，會有什麼不同的效果嗎？**

## 可以令人安心煞車

Brembo 的煞車卡鉗的確在 MotoGP 等賽事中有著極高的市佔率，而最近煞車卡鉗也逐漸地從左右兩片分割式，演變到從一整塊金屬直接切削加工，具有高剛性的一體成形煞車卡鉗，煞車系統的進化還有推動煞車來令片的活塞也從兩個增加成四個，這些都是 Brembo 作為領頭羊帶領技術革新的結果。

不過說到 Brembo，多數人應該都會誤解成它有名是因為有著強大的制動力，但實際上重點根本不在這裡，為什麼 Brembo 可以奠定受到各家爭相追捧的地位，原因就在於不盲目追求強勁的制動力。

在很久之前到 Brembo 訪問他們的工程師時，聽到一個令人震驚的消息我到現在都無法忘記。

「想要有從 300 ㎞/h 一瞬間鎖死輪胎的制動力，無論哪家廠商都做得到，但是這種可以突然鎖住輪胎的制動力，就連專業選手都無法駕馭，所以最重要的是讓騎士或是駕駛人可以安心使用煞車，就算不是專業選手，也可以微妙地操控才是開發重點。」

「所以我們有一套對於基礎研究不可或缺的計畫，那就是到鄉村請農家的老爺爺和老奶奶，請他們騎著隨處可見的速克達爬上和緩的山坡，並且告知他們衝上山頂時要將摩托車停在位於山頂的工作人員旁邊，這時就產生了各式各樣的情況，有人會太過在意工作人員在哪，一到山頂看到人才慌慌張張的煞車，有的人則是就算看到工作人員，也毫不在意地慢慢煞車，就算超過人員的位置也無所謂，這時我們的人就會去詢問他們停車時有什麼感覺，然後記錄下使用煞車的力道，來對照煞車與人的感覺之間的關係，

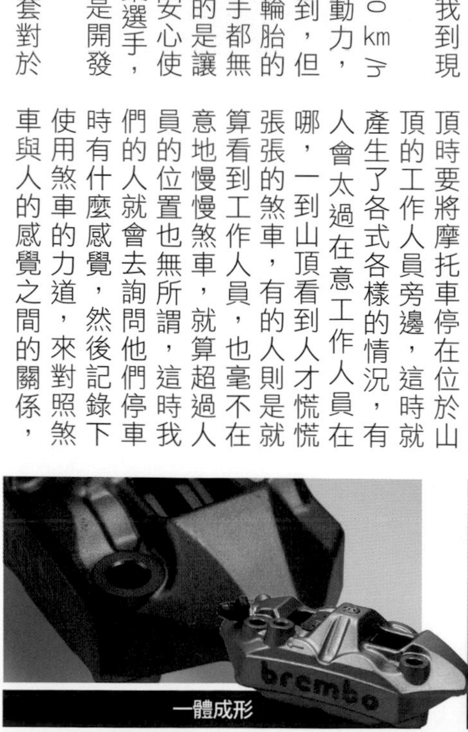


從一整塊金屬切削而成，擁有高剛性的理想卡鉗，但因為需要高水準、高成本的加工技術，也反應在售價上

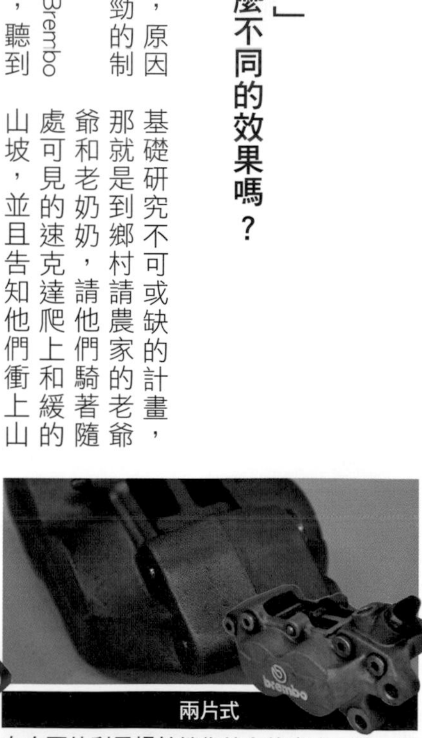


左右兩片利用螺絲鎖住結合的方式，和一體成形比起來工法比較簡單，可以壓低成本和售價

### 在世界中擁有絕佳的人氣
**Brembo**

製造煞車的廠商中最具有知名度的就是Brembo，除了摩托車以外也有許多F1車隊採用，廣泛受到信賴的品牌，魅力就在於煞車感受滑順平穩，操作煞車時，速度的下降方式直接且自然，而且制動力和釋放性又擁有極佳的性能，在製作工法及開發新技術上獲得極高的評價。

### 一體成形好在哪裡？

使用煞車時，卡鉗會受到極大的作用力，所以被要求在這種情況下也不能變形，一體成形的卡鉗因為沒有結合部位，可以體抗較強的扭曲力道，而且釋放煞車時制動力會慢慢減弱的過度特性，也相當符合騎士們的感性。

## A 高價的煞車系統 可以提升安心感與信賴感

要如何毫無恐懼地使用煞車，或是停車前不點頭，這些都是單純追求強勁制動力所無法得到的，要如何讓騎士可以信賴並安心地操作煞車，都需要累積這種基礎研究後才能達成」

碟煞的原理簡單來說就是利用摩擦生熱來產生制動效果，所以摩擦係數越高的材質，制動效果也越強，但是因應溫度上升的方式不同，有時制動力會突然的急遽升高，反之又會讓人有煞車沒什麼效用的感覺，但這些不完全都是靠來令片的材質來控制，卡鉗的剛性與熱漲冷縮之間的關係，活塞的滑動方向是否正確，還有油封的嵌合方式，都必須以1/100 ㎜為單位在管理。

煞車拉桿方面也有煞車總泵的出力、活塞壓力與拉桿比的管理，也同樣都是以微米為單位在研究。

這個結果就是當騎士自然地扣動煞車拉桿時，制動力會緩緩提高，也能順利不點頭地停車，就如同在比賽時強力扣動煞車衝進彎道，然後釋放煞車調配增減前輪負重，如何在騎士的恐懼感與性能發揮間取得平衡，就是為什麼 Brembo 可以獲得上至賽車最高殿堂的 MotoGP，下到一般騎士的信賴的關鍵所在。

因此高價的煞車，比起強勁的制動力，這份信賴感與安心感才是無可取代的地方，當然另一方面，在外觀上也是相當具有衝擊性和魅力……

# 市面上有各種不同款式的握把 各種設計的背後是否都有功能性考量？

**握把的造型設計可說是千變萬化，是否每種設計都有功能性考量？各家車廠都有推出琳瑯滿目的各式各樣充滿設計感的握把產品 為何不能將所有摩托車的握把都統一採用相同的設計就好了？**

## 每家車廠的訴求都不同

就如同您所問到的，確實關於摩托車握把方面，各家車廠都推出各式各樣的設計或樣式，幾乎所有車款皆採用與眾不同的款式，這是由於各家車廠對於摩托車的騎乘操控方面的要求不同，連帶使得在摩托車握把方面的設計也產生不同的結果，所以說除了外觀之外，背後的確都灌注了車廠對於握把的技術結晶與開發概念。

我就先從最基礎的部分來為大家說明摩托車握把的不同之處吧。

首先以休旅巡航車來說，這類型的車款在設計上是以長時間舒適騎乘為主要訴求，因此握把在設計上就必須較粗，較粗的握把可讓騎士握住握把時不用太過彎曲手指，如此一來不僅可發揮防止疲勞的效果，對手指的血液循環也是比較好的。另外，較粗的手把造型表示可利用較厚的軟性材質打造，這表示對於來自於引擎或路面所產生的震動有更好的防震效果。

不過即使在1960年代的跑車，例如TRIUMPH等車款，當時非常流行採用中間膨脹較粗的握把造型。這種造型不僅可阻隔來自並列雙缸引擎的震動，同時又能提升運動型跑車應有的操作性能。以跑車來說，所謂的騎乘操控性，就是當握把越細的時候，則騎士可扭轉油門的角度就越大。大家不妨可以比較看看，造型較粗的握把跟較細的握把在扭轉的時候，手腕動作是差很大的，相信大家都會發現越細的握把可扭轉的角度越大吧？也就是說，至今為止越是強調運動性能的摩托車，其握把的造型都不會太粗。因此，這種握把往往使用的材質都很薄，為了不滑手往往在表面上就會採用如車胎溝槽般的紋路設計。

MV AGUSTA F4 RR

### 柔軟的材質 讓手掌充分掌握

像是DUCATI或者MV AGUSTA車款所採用的握把為寬面淺溝紋設計，溝槽邊緣具柔軟度，騎士握起來更順手。

# 為了騎乘操控特性 各有不同的對策與考量

A

**吸收來自引擎的震動符合人體工學最貼手掌的酒桶外型**

這種酒桶型的握把 TRIUMPH 一直配置到 1960 年代，除了具備優異吸收來自引擎震動的能力外，亦具備絕佳的操控性

TRIUMPH BONNEVILLE

**採取較粗的握把造型斷面為四角方正形狀**

BMW 於 1980 年代左右推出的車款，其配置的握把設計是越往外側越粗，而且斷面呈現四角方形的特殊造型

BMW K100RS

**材質輕薄堅硬以運動性為最優先考量**

照片中握面採用無數小顆粒突起造型設計的，就是一般俗稱的「TZ 握把」，由於具備高度操控性，因此受到廣大騎士的愛用

YAMAHA TZR250

就如DUCATI或者MV AGUSTA都採用寬廣的淺溝溝紋設計，因為溝槽邊緣可產生貼合手掌的柔軟性。大多數日系廠牌摩托車在握把的設計上原本並非採用溝槽設計，反而採用像是肋骨般細線狀的突起，這部分雖然也因材質的柔軟性而不致讓騎士感受到太多來自車身的震動，但近年來越來越多車廠開始走歐洲車廠的風格。

另外，像BMW在某些1980年代左右的車款所採用的握把，在造型方面甚至斷面為四角型、越往外側越粗的設計。雖然這樣的設計也同樣是為了提升操控性與舒適性，但採取四角型斷面的設計，主要目的還是為了提升手掌的貼合度以及油門的開闔度。

日本車廠YAMAHA也曾有過一陣風靡握把造型的時代，自1960年代後期一直到1980年代為止，該公司曾推出過握把上擁有無數小小尖刺或者疣狀突起物的造型，如果長時間緊握這種握把，往往騎士手掌上會留下一點一點凹陷握痕，大家應可想像這種造型是多麼強烈了吧。

這種握把防滑功能之強大，就連賽場上的敵對車隊也為了避免在手把大幅震動時造成騎士滑手而採用這款握把。不過，其實這款握把背後還有一些小祕密，那就是YAMAHA公司在車體設計階段將把手設計為不易被手壓的角度，這樣就可讓手腕的自然彎曲不致受到影響，在搭配上述特殊造型握把後，就產生了只需輕握就可防滑的握把。

但畢竟每家車廠的設計理念不同，也就產生了各家不同的車體與造型設計。同樣的道理，無論是排檔桿、煞車器以及離合器都是各有特色的，因為現在有名的大廠都有幾十年的歷史，所以每一家都有獨特的技術與想法來製作車款每一個零件。

# 跟街車比起來超跑的坐墊厚度為什麼那麼薄？

**如要享受快意舒適的休旅騎乘，厚軟的坐墊應該加分不少
但如果拿來跟運動摩托車相比
兩者之間的差異確實讓人無法理解**

## 不舒適的超跑座墊

關於超跑系列的坐墊，確實在緩衝部分的結構看起來又薄又不舒適。不過話又說回來，單憑坐墊厚度就想推斷乘坐舒適度為免太過主觀，也不見得就是事實。就算市面上某些專門針對長途騎乘為設計考量的休旅摩托車，其坐墊的厚度從外觀看起來也不見得有多厚。這是因為在摩托車設計階段就已經針對長時間騎乘、高速道路騎乘以及林道騎乘等各式狀況都早就納入考量並有相對應的技術開發。反而像是街車等一些車款，在開發階段就以經典摩托車形象為主軸，因此坐墊的形狀自然線條單純、外型又具備厚重感了。

暫且不說這個，想必大家對於現今超跑系的坐墊形狀又是如何發展成型

首先請大家看一下右上角的照片。可以看得出來超跑所搭載的坐墊前部較窄、後部較寬，呈現倒三角形的結構。之所以前部設計較窄，是考量到騎士停車時的腳底踏地的穩實度，超跑之所以都把坐墊設計得高高的，是為這樣的配置能夠讓騎士在過彎加速的過程中，讓體重施加於後輪有效引導出循跡力時，還可抓住操控感。因此，為了改善腳踏實地的穩實度，並且活用精實窄瘦的車體，前部坐墊當然會被設計得窄窄的。

那為什麼坐墊後部又呈現寬廣的結構呢？這是因為設計時考量到騎士攻彎時必須腰部左右位移的關係，舉MotoGP賽車為例，選手幾乎是把整個下半身橫掛在車身上，就可知道腰部位移運動的激烈程度。而坐墊造型的設計正是為了配合騎士的運動需求而來。況且騎士在往左右側位移腰部時，腰部位移的路徑就像是在空中劃出圓弧曲線一般，因此坐墊的設計原則就是儘量讓騎士的腰部越能輕鬆滑過坐墊表面越好。另外就是針對攻彎時，位於彎道外側的臀部會受到來自較寬部位坐墊內側的止滑力，澎凸的造型更增加了止滑功能。

如果大家再仔細觀察，會發現坐墊後方有些微微上翹的造型。這樣的設計最主要就是當騎士在腰部位移

騎士在位移腰部做出彎道攻略的標準操控姿勢時，臀部必須在坐墊上劃出一道圓弧般移動。超跑系所使用的坐墊造型，就是為了對應騎士的臀部動作而設計的。

既平坦又厚實的坐墊造型向來是街車最常出現的設計。與其說是為了長途休旅騎乘所考量的騎乘舒適性，倒不如說應該是只有這種款式的坐墊最能帶給人粗獷的摩托車印象

超跑的坐墊跟街車的坐墊相較之下較薄，並且呈現前部較窄、後部較寬的扇形形狀。不僅如此，坐墊的造型還呈現往前方下斜，因此很明顯可看出騎士的乘坐舒適性根本不在設計考量之列

**重視摩托車坐墊上的運動操控性**

在比賽過程中，如果要拿坐墊的乘坐舒適度跟大傾角壓車過彎時的穩定性相互比較，如何提升騎乘速度絕對是最重要的考量。因此坐墊的造型設計或者在材質選用方面，往往必須配合騎士的操控姿勢變換需要，或者摩托車車體本身的進化需求來達到與時俱進的成果。

時，在車體加速前進的狀態下牢牢承受來自騎士的荷重，並且一絲不漏地傳達到後輪，算是非常重要的相對位置關係。

所以坐墊前部造型稍微下彎，表面光滑利於腰部位移動作。但是在休旅騎乘多數時間皆以直線前進、或者放掉油門降低車速的時候，當然還有就是操作煞車引發制動力的時候，都會讓騎士臀部順勢往前方滑落，影響騎乘穩定度，想必沒人喜歡這種不穩定的感覺。騎士可以藉由向前踏穩腳踏的方式、或者在彎道前提早位移腰部等等，即可預防臀部順勢往前方滑落的窘境。

針對超跑的騎乘姿勢來說，除了坐墊的造型以外，還包括油箱形狀也有密切關係。有的油箱在騎士的夾膝處形狀呈現內凹的逆三次折射面結構，或者油箱前部最寬部位的上緣造型，也是考量到在壓車過彎時，可讓騎士外側手肘貼放，同時提升掛車力度的設計。

綜合以上所述，超跑在造型設計方面，是以配合騎士壓車過彎時的操控姿勢為最優先考量。簡直就跟運動用品在開發時絕對會從符合人體工學的角度出發一樣。對於騎士而言，唯有確切了解車體的設計原則與理念，才能將自己騎乘操控的本領發揮得淋漓盡致。

## A 騎士攻彎時的操控姿勢被列為打造坐墊時的最優先考量

# 為了安全考量一定要選用全罩式安全帽嗎？

**我從來沒看過根本先生戴著3／4安全帽果然還是因為全罩式安全帽的安全性比較高嗎？**

## 當然一定比較安全

沒錯，所以我現在只戴全罩式安全帽。但是以前有在使用3／4安全帽，到未鋪設路段玩玩越野賽時也會戴著越野用安全帽，再仔細地說，當要長距離騎乘旅行時，我甚至更喜歡戴著尺寸大一號的安全帽，不是因為戴起來鬆鬆的比較舒服，而是視角可以擴大到嘴巴前面的空間，能以悠閒的感覺，更豐富體驗旅行韻味，順帶一提，我在1987年以HONDA NR750參加利曼24小時耐久賽時，因為至少要保持著長途騎乘旅遊的心態，一方面也含有提醒、催眠自己的意思，所以戴著與參加一般比賽時用的全罩式不同種類的安全帽上場。

對於我這種年紀的人來說，3／4安全帽就好像這個世代的一種象徵，無論是單缸也好雙缸也罷，只要騎著經典摩托車時，人身部品也需要配合車子的風格，這點倒是還蠻講究的。

如果騎著英倫風直立汽缸引擎，水滴型油箱、高把龍頭的復古車時，還穿戴著全罩式安全帽跟賽車服的話，氣氛真的會被破壞殆盡，有時甚至還會不太想騎，何況我有一台1960年代的老車，要戴著全罩式安全帽騎這台車也的確有點突兀……因為攻略彎道並不是摩托車唯一的樂趣，它其實也是一種流行時尚和生活風格，這點在我心中還是占了很大一部分的位置。

但是老實說，我現在反而覺得安全第一的心情最為強烈，儘管自己再怎麼小心騎車，在車水馬龍的道路上行駛，也無法避免因為其他人的緣故而發生意外，而且我到了這個年紀，還想要繼續騎車的心情不減反增，所以更會小心不要因為意外而讓自己無法繼續騎車。

但是不論怎麼說服自

**1987年**

**利曼24小時耐久賽**

在參加利曼24小時耐久賽時，戴著與參加一般比賽時用的全罩式不同種類的安全帽上場，其他也有在不同情況下戴著3／4安全帽，長距離騎乘旅遊時也喜歡戴著大一號的全罩式安全帽。

**騎車時的時尚感**
**也很重要**

**配合摩托車改變穿衣風格也是一種樂趣，無論是單缸也好雙缸也罷，只要騎著經典摩托車時，配上相搭的風格才會給人時尚的感覺。**

## A ３／４的開放感
## 令人無法抗拒
## 可以配合車款分開使用

己，心裡某個角落還是會傳出不如換用３／４安全帽的聲音。

但這只不過是每個人的狀況和選擇不同罷了，３／４安全帽的解放感和視野的開闊度可是全罩式安全帽絕對無法體會的，所以我現在也想要重新保養維修放置許久的舊車，當騎著它到附近的河邊閒晃時，也一定會戴著３／４安全帽出發吧，並不只是安全帽，連衣服也會選用上下成套的英倫風休閒騎乘服，靴子換成傳統綁鞋帶式的休閒騎士靴，最近在看廣告時也會驚呼「喔！現在有這樣的設計阿」，內心衝動型購物的靈魂覺醒，馬上開始確認荷包夠不夠厚，畢竟我的興趣除了摩托車之外，還是只有摩托車了。

對了對了，還有一點不得不說，安全帽也是有使用期限的，基本上我兩年、最遲三年就會換新的一頂，因為就算不常使用髮膠，內裡的發泡海綿會因為頭皮的油脂分泌會劣化最重要的緩衝性，只要稍加確認就能發現內部已經變質了。因為是比任何東西都重要的防具，也為了不要浪費當初花在愛用的安全帽上的投資，還是希望各位讀者可以有一定時間就要換新的概念，千萬不要有只是輕微轉倒沒什麼太大的損傷就可以繼續使用的想法。

# 請教一下如何才能掌握懸吊的調性 尤其想多了解軟硬度調整及調校對策

不太了解愛車的懸吊究竟是偏硬還是偏軟
是否可以說明一下如何才能掌握懸吊的軟硬調性？

## 調軟騎起來更安全

流行騎士向來主張推薦大家使用較軟的懸吊，因為騎乘之樂絕大多數來自於攻彎的成就感與快感，當然應該以攻彎性能為最優先考量，所以請大家務必了解我的前提條件。至於為什麼堅持推薦較軟的懸吊調校呢？因為現在市售車款中，幾乎所有大型摩托車的懸吊設定都比亞洲實際騎乘環境所需還要偏硬。歐美國家因為騎士大多屬「大隻佬」體格，而且又喜歡以高速雙載騎乘高速公路。想像一下，在受到來自路面衝擊時，如果摩托車不斷上下震動的話那是多麼危險的畫面，最糟的狀況是極有可能讓騎士陷入無法操控的狀態，這可是足以被人告上法院的大事。由於對企業來講茲事體大，因此在摩托車出廠前一定會將懸吊預設在很硬的安全規範內，如此硬調的懸吊設定值，不僅讓騎士難以進行彎道攻略，在萬一產生打滑時也很難即時恢復取回抓地力。

當然，懸吊系統主要的功能還是在於吸收來自路面的衝擊，維持騎乘舒適性，但另一方面在騎士攻彎時，也必須發揮路面追蹤性讓車胎不致打滑。所謂的路面追蹤性，簡單來說就是懸吊系統必須柔軟易於活動才好讓懸吊能迅速伸展，這就是重點所在。在攻彎過程中，車胎在受到摩托車的重量加上騎士的體重後，可以說是朝路面壓制上去以產生抓地力的，但如果通過的地方道路是彎彎曲曲的形狀、或者路面有凹陷時，如果懸吊伸展不順會導致車胎胎面壓力急遽降低，可能使側傾中的車體打橫移動，當胎面壓力落差極大時還可能引發打滑。另外當把直立車身壓低的過程中，車體旋轉的軌跡是以後輪為主體，前輪之後追隨後輪的軌跡，唯有活動靈巧的懸吊系統才能夠獲得如此有效的攻彎連動方程式。除此之外，透過靈敏的懸吊系統也可有效抵銷來自騎士曖昧的操控動作。接下來的問題是，究竟應該把懸吊放到多軟才OK呢？如以避震彈簧為標準，在騎士跨坐上車身後，避震彈簧至少必須下沉四分之一的長度，否則就

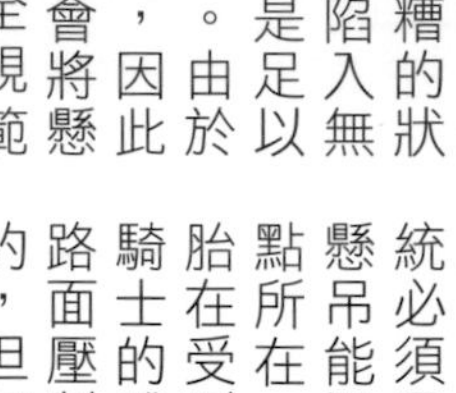

在進行懸吊系統的調校設定變更前，建議可事先把調校項目做筆記，筆記做得好就不怕調校到最後迷失了方向，騎士大可好整以暇花點工夫找出最適合自己的設定值

### 合適的調校設定
### 應先從 1G' 開始

由於懸吊系統亦為裝載於摩托車車身的結構之一，因此可將乘載車重及騎士體重後的平衡狀態設為 1G’，可將此視為設定懸吊調校值的參考起點，從 1G 狀態所縮短的部分即為在車體受到來自路面衝擊時可供懸吊伸縮用的回彈衰減行程量，這是影響路面追蹤性能的重要機制。

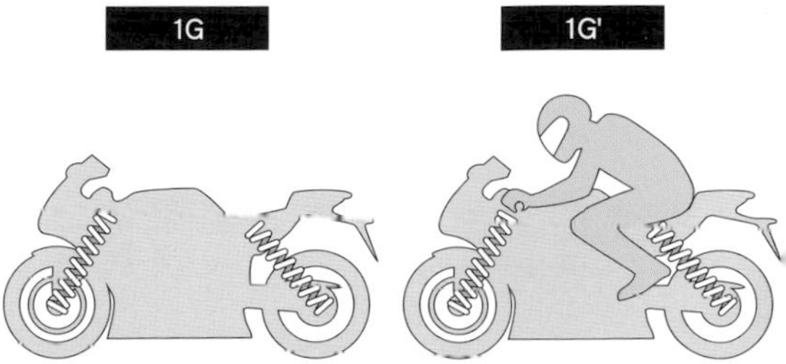

### 頂尖車手大多偏好
### 柔軟動作順暢的懸吊設定

對於總是以高速將摩托車性能推至極限的賽車，一般人印象中總以為懸吊的設定一定非常硬，但其實技術越頂尖的車手，往往偏好動作性強的懸吊設定。對高手來說，即時恢復滑走的能力與追蹤路線的自由度才是最重要的。

## 每人對操控的感覺大不相同 柔軟的懸吊設定是享受騎乘樂趣的秘訣！

代表回復能力可能不足。這種跨坐後讓彈簧下沉的長度，以專門術語來說就是避震彈簧的預載。那麼阻尼、也就是緩衝力又該如何調整呢？前面已經說過，避震器的回彈側彈力很重要，如果是按照原廠標準設定的摩托車，調節機構並非是讓衰減力發生的主功能部份，而是設置獨立出來的輔助回路進行調整，即使將這個輔助回路設定到「最弱」，也會因為還有主功能部份而不致使整體避震性能過於弱化。因此建議大家可先嘗試把回彈側設定調整至「最弱」，如果發現這個設定騎乘起來感覺飄忽忽的話，可再逐次漸漸把設定值轉強即可。不過，儘管是騎乘過程激烈的職業車手，在攻彎時還是會對於市售車款的預設懸吊標準值感到太硬，因此一般來說只要從最弱開始調校起絕對不會錯。像市售的高價改裝用懸吊產品，僅針對這種容易伸展的特性以及激烈的動作會硬起來，因此在結構上可進行多重動作而結構複雜，從結構上來看跟原廠配備可以說是完全不同的世界。當然這些都已經跟懸吊系統究竟是硬是軟的問題有些出入了，剩下的下次我們找時間再來好好談談吧。

# 收縮側阻尼和回彈側阻尼的調整，兩者之間有何不同？

**在懸吊系統方面，有所謂回彈側可調式以及收縮側可調式的不同款式可否說明一下兩者之間功能以及使用方式的差異之處？**

## 先以回彈側調校為主

絕大多數的大型摩托車都配備有前後可調節式懸吊調整裝置。但如果要一一針對其功能進行說明的話，本次篇幅根本不夠用，因此在此僅針對問題本身進行回覆。

首先，摩托車的懸吊系統中至少配備有兩種調整裝置，其一是懸吊彈簧的初始值調節器，也就是如果摩托車是雙人乘載的高荷重狀態，透過旋緊懸吊彈簧就可避免因過度壓縮而導致觸底。另一種調整裝置則是透過衰減力度的調節，讓懸吊保持一定的硬度，不至於感覺軟趴趴輕飄飄，可以適度調節懸吊的支撐強弱度。這些調節裝置由於還有前後部的分別，因此相互之間的連動牽引關係非常複雜。為了讓大家易於了解調整裝置的功能，接下來將僅以後部懸吊為例，為大家進行說明。如要談到回彈側以及收縮側，其實要談的就是衰減力與阻尼。大多數的摩多車都配備有針對回彈側方面的調校裝置。轉得越緊則懸吊的動作就越受到抑制，反之往鬆弛方向調整的話，懸吊動作則較靈巧。但是如果只是將此種調校單純地解釋為硬調與軟調的話，很可能會扭曲了調校本身的意義。嚴格來說，應該是將懸吊的動作調整為較慢或者較快，這才是調校真正的目的。當然啦，畢竟在調節器上所顯示的就是英文的「Hard」以及「Soft」，所以可能誤導的大家的理解。但確實會造成大家普遍的印象是懸吊偏硬調的話較穩定，偏軟調的話較不穩定。但是摩托車的懸吊系統功能，除了展現在騎乘的穩定度以外，還有一項重要的功能就是展現過彎的能力，跟騎乘穩定度是完全不同層次的需求。

例如在攻彎的過程中，懸吊系統為了緩衝吸收路面崎嶇所產生的振動，回彈側的動作如果過於遲緩，會使得車胎彈跳離開地面。也就是說會產生瞬間失去抓地力的現象。因此必須提升懸吊系統的敏捷度才能改善摩托車的路面追蹤性，也就是最好將回彈側的衰減力度調弱才符合需求。但如果力度調

**配合實際騎乘狀況**
**調整衰減力度**

如果是以林道騎乘需要輕快的攻彎性能時，建議以較軟的衰減力度為調校原則以取得較敏捷的避震效果；相反地，如果是無須敏捷壓彎的高速騎乘為主時，建議可以往稍硬的方向調校並找到適合自己的參數即可。

## A 基本上騎士無須針對收縮側進行調校

得太弱，就反而會招致車身不穩。然而，從懸吊系統本身的結構來看，衰減力度是從懸吊避內產生壓力的狹窄管路，透過油壓來產生強大的阻抗力道，不過大多數衰減力度調節器並非調節這部分的壓力，而是針對副油路的粗細進行調節，因此即使將客度調整到最弱，也不至於讓整個懸吊系統失去穩定性。更何況在高速騎乘的條件下，即使雙人乘載都不致招致車身不穩的標準懸吊設定條件，對於林道騎乘的攻彎需求來說，卻是太過強烈。這也是為什麼本雜誌向來強調對懸吊系統的調校設定都應以調弱為優先方向的原因。

接下來要談的是收縮側部分，懸吊系統的壓縮方向基本上是藉由懸吊彈簧的反彈力來支撐，因此可將收縮側當成是輔助性質亦可。當代的新式摩托車為了提升懸吊系統的路面追蹤性能，柔軟性佳的衰減力度對於懸吊彈簧而言日趨重要。但由於來自路面的複雜震動，再加上懸吊伸展時內部所產生的收縮側微動，都會使得避震阻尼內部的油壓增高而更加抑制了懸吊的避震空間。而市售的高價避震器配備了精密的機件裝置，可以在這種瞬間高壓產生時將高壓釋放，使懸吊系統的動作更加平順。由於差別確實明顯，越是具備優良的瞬間釋壓功能，就越需要收縮側所提供的輔助性減衰力度。不過雖說狀況如此，調校者必須具備比調校回彈側更多的專業知識才能順利達到目的，因此大家只要知道其實真正需要轉到很緊的狀況不多見即可。因此，如果摩托車配備有收縮側的調節裝置時，就表示原廠確實在調建設定方面的標準是比較嚴格的。基本上大家無須動到這一塊，各位只要知道有這麼回事即可。

**懸吊收縮動作**

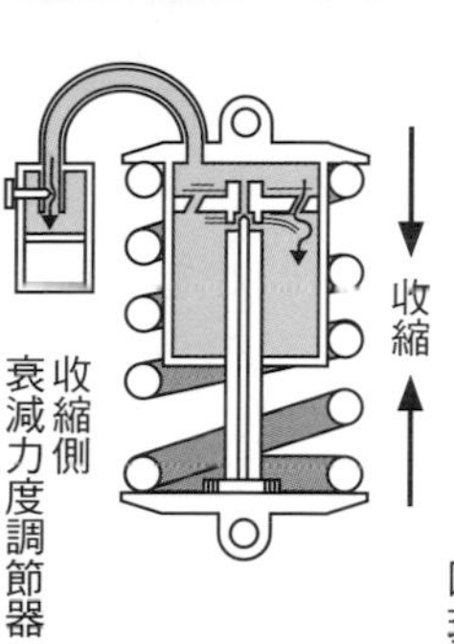


**懸吊的回彈側動作**

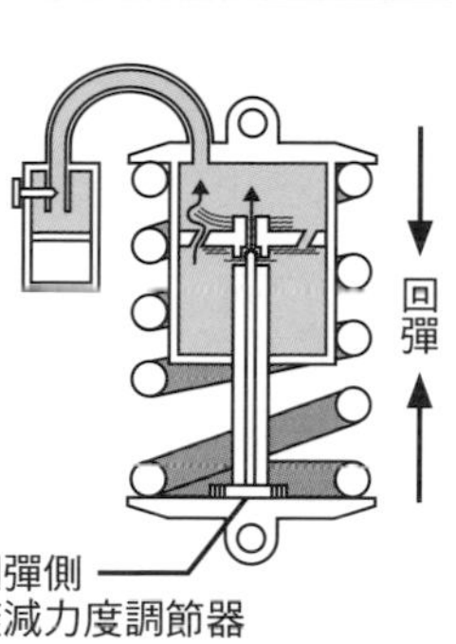


### 騎乘操控的好壞是由回彈側的阻尼決定

懸吊油壓是藉由通過活塞內的油壓管產生的阻抗力，再加上由數枚夾鐵所組成的阻抗力後產生所謂的衰減力度。如要提升摩托車的路面追蹤性並產生輕快的騎乘操控感，可嘗試將回彈側的衰減力度調弱。收縮側的避震功能是當堅硬路面騎乘時遇到突出崎嶇時減震所。

### 輕飄不踏實的騎乘感可透過調整回彈側阻尼來改善

在壓過路面凹陷處後，騎士如感到懸吊有輕飄不踏實的反應，可能會誤以為是因為懸吊彈簧太軟收縮所造成，所以就提升懸吊的硬度，但這是錯誤的。即使處於下沉動作，懸吊會如右圖所示不斷反覆伸縮動作，因此受到來自回彈側的影響很大

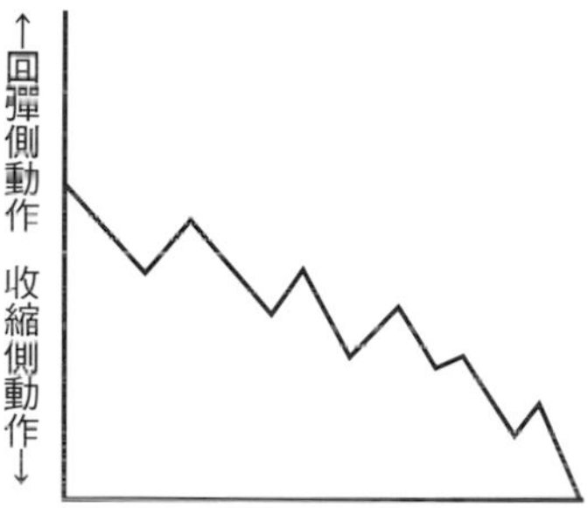

# 如果添加副廠機油會有什麼問題嗎？

**我到現在為止都一直使用正廠機油但又對其他廠商的機油感到好奇可以添加進愛車引擎嗎？**

## 要先確認產品規格

我必須開門見山地先點出後果給讀者知道，曾經有過沒有使用正廠機油，引擎出了問題之後，雖然副廠機油不是肇事主因，但也無法保固的案例。

但是這樣不代表使用副廠機油就一定會有讓引擎報銷的風險，要注意的是就算各家廠牌的機油品質都很好，油類本身也有不同的特性，如果把無法配合的機油添加進引擎的話會使效能降低，所以在事前必須先學習相關姿勢和確實調查清楚後再使用才比較安心。

愛車是超跑的各位是不是都會想要幫愛車添加更高價的機油呢？其實正廠機油不管使用在何種性能的摩托車時，基本上都不會有心有餘而力不足的情況，所以請各位放心，因為車廠推出的正廠機油都會經過耐久度等多項測驗才開發出來的，不會有什麼缺點。

那麼換用等級較高的機油又會有什麼優點呢？最大的差異應該是減少動力因為摩擦而消耗掉了吧，機油是為了增加潤滑和防止引擎磨耗，但如果只是滑滑的而沒有黏度的話，防止磨耗的性能會下降，在使用環境較嚴苛的時候還有可能會損及潤滑力。尤其是運作時的溫度，冬天嚴寒和夏天灼熱時的大氣溫度也會對機油的運作能力產生影響，例如在寒冬等低溫環境要發車時，機油有可能因為溫度過低而質地變得比較硬，導致啟動馬達無法順利轉動而用盡電力的情況發生。

簡單來說，品質越高的機油越能維持本身該有的潤滑性，也就是我們所說的耐久度越高，這應該就是高品質機油與一般機油最大的差異所在。

除了潤滑性能更優異之外，高品質機油還能降低運轉時各部位的動能消耗，還擁有不論是高溫或低溫時性能都不太會變化的特性，但是對於普通機油來說，要長時間維持這種性能是有一些不得不克服的問題。

這時登場的化學合成油剛好將這些問題迎刃而解。在以前潤滑油還是靠原油提煉時，是先將燃油等揮發性

**更換機油的時期**
**連使用頻率都要考慮**

以車廠規定的標準更換機油是沒什麼大問題，但是如果在街道中反覆起步、停止或是每天只有短距離行駛的話，就需要提早更換。

# 仔細確認黏度與規格
# 選擇適用於愛車的機油吧

較高的物質抽取後，利用剩下來的原油加工而成，也就是我們所說的礦物油，為了可以添加進高性能的引擎裡，必須經過過濾把不純的物質取出，並加進各種添加物來讓提升性能，但它究竟還是由化石燃料原油中提煉出來，本身一定會含有各種動植物的細胞，就算再怎麼過濾也還是會殘留極小的物質，在燃燒室裡與高溫的未完全燃燒廢氣接觸後就會碳化，讓機油變黑，使潤化性能劣化。

相反地化學合成油則是沒有含有動植物細胞的原油合成出來，比較沒有會因為高溫而碳化的物質，可以長時間保持潤滑性能，而且比礦物油更容易與添加物結合，可以降低因為摩擦而散失的動能耗損，黏度因為溫差而產生的變化也比較小，總之有著各式各樣的優點，更換機油的週期也比礦物油長好幾倍以上，但是因為繁雜的工法以及提煉後的量較少的緣故，同樣也伴隨著價格較高的缺點。

假如不需要使用到這麼高性能的機油時，也有和礦物油混合而成降低成本的半合成油可供選擇。

因此我個人是覺得換成化學合成油試看看也無妨，因為冷卻性能也有差異，在夏天時應該可以緩和一下連車架感覺都要燒起來的灼熱高溫。

但是根據車廠的不同，也有正廠機油已經是化學合成油了，在使用之前要先確認一下，另外大部分摩托車的離合器也是靠引擎機油來潤滑和冷卻的關係，換了機油也有可能影響操作手感，使用前一定要先確認上頭表示的黏度與使用範圍，避免使機械產生問題。

**從開發時就使用的正廠機油**

摩托車車廠都會使用正廠機油進行車輛開發，所以正廠機油可以說是最令人信賴的也不為過，和愛車也很合得來，但是只要把摩托車當作是種興趣時，想要使用更好的東西也很正常……。

**兼具潤滑性和耐久性的副廠機油**

相較於降低成本而開發的正廠機油，其他廠商不惜投入各種技術和金錢開發出來的機油，雖然價格比較高，但有潤滑性較佳等各式各樣的優點，更換前請先確定能不能使用在愛車上吧。

# 超跑的後煞車為什麼都會沒什麼效用？

為什麼超跑的後煞車會特地把碟盤口徑縮小制動效果也調整成比較無力，這是為什麼呢？

## 避免後輪鎖死

比較大型重機的後煞車時，的確會發現比起休旅車款，超跑車款的後碟盤與煞車卡鉗都極端的縮小了，這是因為超跑的後輪煞車使用情況不是在十字路口減速停車的時候，而是在賽車場攻略彎道，配合進彎前減速時要猛煞前煞的狀況下使用的關係。

摩托車在緊急煞車的時候，車體和騎士的重量會因為減速反作用力的關係移像前輪，這點我想不用特別解釋大家都知道了，這時前叉會因為這個重量而收縮，車身就會變成前低後高的俯衝姿勢，導致後輪接地面部分的急遽減少，在這種情況下如果後輪煞車的制動力過強就會容易打滑，更嚴重的話後輪還會直接鎖死轉倒，這點想必大家都知道了。

而且在行駛間踩下後煞車讓旋轉中的後輪減速時，會產生一股反向扭力讓後避震收縮，結果讓後輪的負重降低，所以如果後輪制動效果過強的話，就容易讓後輪浮起，容易打滑或鎖死也就可想而知了吧。

所以超跑車款的後煞車就為了不要產生上述之打滑和鎖死的問題，而將煞車效能極端降低。而後煞車的碟盤之所以這麼小的原因，除了在煞車時比較不會產生效用為前題之外，也有為了讓煞車初期不會一口氣產生強大制動力的效果在，當來令片夾住碟盤的時候，碟盤面積越大，制動力生效的時間越快，這也是為什麼前輪的碟盤都設計成這麼大，就是為了增加接觸面積，讓制動力可以馬上生效，而後煞車的設計目的則剛好是完全相反。

因此也有騎士在比賽中幾乎不用後煞車，但其實在近彎前帶一點點後煞車的話，可以增加切入時後輪的

**使用後煞車時後避震會朝收縮方向運動**

現在的後煞車為了輕量化都直接安裝在搖臂上，這代表只要不是採用浮動式煞車的車款，行駛中踩下後煞車的話，後避震都開始收縮，如果先駛後輪安定後在扣下前煞車的話，可以更有效率地減速。

以足弓為軸心施力操作踏桿

用腳跟踩在腳踏上

腳跟上抬的話會增加操作難度

**以靴子的足弓處為軸心施力的話比較容易控制力道**

以足弓或是腳後跟做為軸心施力才是操作煞車最恰當的方式，如果沒有這種「軸」的概念時，就只會利用腳尖施力，這樣一來無法纖細地調整煞車力道。

**許多場面都能活用後煞車**

雖然後煞車的制動效果較低，但是在十字路口的轉彎或是在雨天加速時抑制後輪避震的作動等，有許多適合活用後煞車的狀況。

抓地力，所以大部分的騎士在進彎時都會稍微含一點後煞車，為進彎做準備。

### 後輪煞車也是有用處

　但是話又說回來，就算是超跑也有在一般道路上騎乘旅遊的時候吧，完全沒有效果的話也很令人困擾，早期的後煞車卡鉗不是直接鎖在搖臂上，而是藉由一根連桿來維持路面追隨性的浮動式卡鉗，但現在為了輕量化做考量，已經不多下這種功夫了。

　但是在十字路口右轉或小轉彎、以及天雨路滑的時候轉開油門前稍微抑制一下後避震的動作，可以讓加速的動作更順暢，所以後煞車對於超跑來說也還是必要的。山路上使用後輪煞車的話也可以微調速度，其實後輪煞車在某些場合下使用反而更添安全。

　在踩後煞車的時候不要用腳尖出力，以足弓踩在腳踏上當作軸心來施力，還不習慣的新手可以將腳後跟踩在踏桿上當作軸心，以踩汽車煞車的感覺來練習的話應該比較容易上手。這樣一來就可以纖細的操控煞車力道，防止制動力一口氣暴增，如果因為害怕後輪鎖死而不敢操作後煞車的人請務必要試看看這個方式，不但不會鎖死，效果還會比意想中的好喔。

## A

## 為了降低後輪打滑鎖死的疑慮才極端地削弱制動效果

# 腳踏尾段的壓車角度警示桿有那麼長的必要嗎？

**原廠的腳踏上常常看到有壓車警示桿在山道騎乘時一直會去磨到真的有這麼長的必要？**

## 算是一種安全裝置

原廠所配備的壓車警示桿因應車廠或車款的不同多少會有些不太一樣，但基本上都設定在壓車傾角達到40度前後時會開始與地面接觸，這是因為在一般道路騎乘時，把壓車傾角控制在這個範圍之內的話會比較沒有風險。

換言之，如果過彎時磨到壓車警示桿的話，某種層面上就代表騎士需要當心了，不過原廠都會設計成折疊式腳踏，當磨到壓車警示桿的時候，腳踏會往斜上方活動來緩衝來自摩擦的衝擊力道，所以一邊磨擦一邊過彎令人意外的是其實還蠻安全的，但是壓車警示桿會越磨越短，最後就會漸漸失去警示的功能。要注意的是如果很簡單就磨到的話，問題有可能是出在後避震的下沉量太多也說不一定喔。

後避震過度下沉的話，像當然爾車身與地面的距離會縮短，壓車時腳踏就會比較容易與地面接觸，為了讓過彎時不小心打滑後還有辦法補救、以及加速時後輪可以因為驅動力的關係咬住路面產生循跡力，還有維持行駛時的穩定等等，我們都會建議騎士把跨坐上車時後避震的下沉量調整在1/4～1/3左右，如果當騎士跨坐在愛車上發現後避震下沉將近一半的話，救有必要利用調整彈簧的預載來改變下沉量了。

如果是雙槍避震的話，在彈簧的基座上應該有五、六段式可旋轉調整預載的構造，如果是利用多連桿直接裝設在引擎後方的單槍避震，也會有利用油壓等等方式的調整機構。

另外在雙載的時候會比較容易磨到壓車警示桿也是出自同一個原因，出發前可以先調整預載來避免這種情況。

**除了壓車傾角之外也有其他情況會磨到警示桿**

如果很輕易的就磨到警示桿的話，原因有可能是後避震的下沉量過大，另外在雙載的時候車身與地面的距離較近，也比較會在過彎時磨到警示桿。

# 為了在騎乘時把壓車傾角控制在風險較小的範圍內

**壓車傾角接近 40 度的時候就會磨擦地面**

原廠的壓車警示桿通常都設計成壓車傾角於40度左右時會磨擦到地面，這當然是為了在一般道路上行駛時的安全性而設計的。

**避震的下沉量過大時就調整預載吧**

如果是因為後避震深度下沉，首先可以試著調整預載看看，如果是像圖片這種標準的雙槍避震，應該都是設計成直接旋轉彈簧基座來調整預載，因為方法相當簡單，請一定要試看看。

## 不要刻意提升腳踏

只不過如果是因為緩衝力較弱，經過地面不平處而去磨到的時候，需不需要毫不猶豫地直接把阻尼調強就必須慎重考慮了，因為如果避震太硬的話，打滑的時候有可能就無法補救緩衝了。

如果這樣還是一直磨到地面，實在受不了想要改善的話，把壓車警示桿改短一點也是一種方法，不過這樣一來傾角就會超過40度才磨到壓車警示桿，在冬天等路面溫度較低的情況下很有可能不小心就轉倒了，還是需要慎重考慮。

但如果只是因為這樣就要把腳踏改高的話，其實是個不太值得推薦的方法，因為一旦將腳踏位置升高，整個騎乘姿勢都會受影響，騎士的體重就無法確實地傳導到後輪，長時間行駛後也會因為膝蓋過度彎曲而導至血液循環不良，更容易感到疲勞，更嚴重的是腳踏位置過高會對側掛過彎的姿勢產生不好的影響，外側腳無法確實扣住車身穩固身體，總之百害而無一利，原廠設定的腳踏位置其實有經過嚴密的設定，不要隨意變動比較好。

畢竟原廠設定都有考慮到這些關係，調整腳踏一定會動到騎士三角，請一定要詢問專業意見再來處理，也才不會前功盡棄。

# Q 在賽車場行駛時為什麼要先降低胎壓呢？

**之前參加 Riding Party 時聽到有人說要放掉一點胎壓 為什麼賽車場和一般道路所使用的胎壓不一樣呢？**

## A 在一定的情況下 可以提高安定性 路面追隨性和抓地力

輻射胎與地面接觸，有刻紋路的胎面與側面上寫著輪胎尺寸的胎壁都有其各自的機能，與地面接觸的胎面裡面有金屬絲線和廉布層等各種構造，讓輪胎就算處於時速300公里的情況下也不會因為離心力而讓胎面膨脹變形，又能因為負重和車重的關係受擠壓，以最大面積接觸摩擦地面產生抓地力。

胎壁的作用則是可以緩衝胎面傳來的力道不要直接影響輪框，因為以緩衝能力為最優先考量，因此以前在高速下經過路面不整處時摩托車容易搖搖晃晃，不過隨著技術提升，現在的輪胎已經可以同時兼顧高速穩定性和整體剛性了。

不過一般道路的使用情況下，有時會雙載，長途旅行時後座也會堆著行李，如果在這種狀態下經過較大的坑洞時，會對輪胎和輪框產生強烈的衝擊，這時如果胎壓較低的話，輪胎就會大幅變形，導致胎壁無法順利緩衝傳來的力道，最糟糕的情況還有可能直接傷及輪框，為了避免這種意外，所以在一般道路行駛時的胎壓都會設定的比賽道行駛時還高。

那麼到底要降低多少才好呢？因應摩托車的重量和特性以及輪胎的款式和廠商的不同多少會有些差異，不過大體而言如果前輪的標準是200～220kPa、後輪是250～300kPa的話，那麼把前輪降到200，後輪降到190左右就差不多了，前輪沒什麼變，但後輪意外地降變多的。

藉由降低胎壓獲得抓地力和穩定性

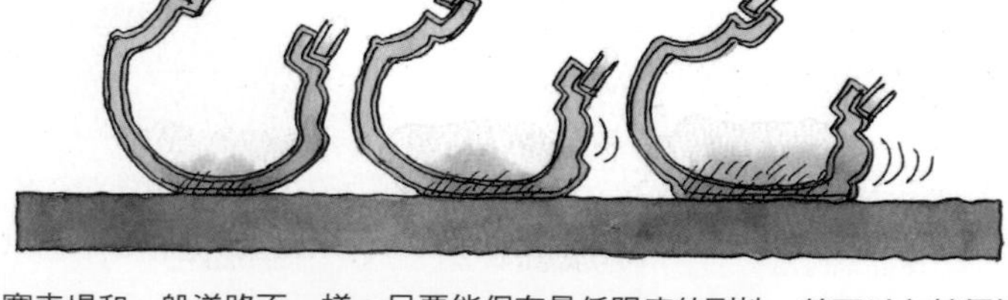

賽車場和一般道路不一樣，只要能保有最低限度的剛性，就可以在某個範圍內降低胎壓讓輪胎接地面積增加，並且提高抓地力和穩定性

# IV雜學篇

日本傳奇車手根本健先生擁有一甲子以上的騎乘資歷，參戰過 WGP 等各大國際賽事，號稱摩托車界的活字典，也被日本車友們尊稱為根本老大，腦海裡所蘊藏的知識可是相當值得一讀呦

# 為了不要迷路 有沒有什麼絕竅呢？

**我是個極度路癡，一下就迷路了 但是又想一個人長途騎乘旅行 有沒有不會迷路（記住地圖）的訣竅呢？**

## 享受獨處的時光

一個人進行長途騎乘旅遊，我覺得是最能品嘗「旅行」醍醐味的方式，造訪沒見過的土地，緊張想像著未知的旅程、滿心期待著意外的相逢，其實我也很喜歡這種船到橋頭自然直，隨波逐流的旅行過程，有一段時期也著迷於特地不做任何行程規劃和目的地的騎乘旅遊。

舉例來說，回程途中在高速公路上時驚鴻一瞥路旁的山麓有個小山村……好，下個目的地就繞去那裡看看吧。出發時只使用高速公路休息站內提供的小地圖，大概了解哪個方向是北，哪裡附近有山的情報就可以出發了，速度則不用太快。如果農家的門前有在乾燥些什麼食物時就停車看看，或是覺得小漁港附近應該會有當地居民才知道的魚市場，就沿著濱海公路前進，享受著漫無目的流浪旅途。

更詳細的說，站在山中的小神社前，抬頭看著聳立的千年杉樹，想像著千百年來在山林生活的人們與凜凜的大自然間相互共生的關係，眺望著遠方田間冉冉升起的炊煙，一邊對人類自古以來繼承著大地的豐饒感到慶幸，把摩托車熄火置身於寂靜的山林間，讓身心靈都接受大自然的療癒。而且沒有比和人之間的對話更能讓我心醉的事了，藉著旅途和各式各樣的人相會……怎麼好像文青了起來？不過我想常常沉浸在自己的世界裡的騎士應該能有所體會吧。

不好意思，不小心離題了，關於改善看不懂地圖、路癡或是記住地圖的訣竅，老實說我也沒有自信可以回答得很好。最主要是靠日常生活中多多利用地圖，將感覺刻進腦海裡，可是最近因為車用衛星導航和手機地圖的普及，可以即時得知目前位置和行進路線等情報，不

**多加活用 概略圖和導航**

如果在交叉路口怕走錯路時，可以將路名先行寫下，貼在油箱上較顯眼的位置，就能清楚確認了。

**悠閒愜意**

**享受旅人心情**

從走習慣的路線彎進歧路，在這之後等著的是沒看過的景色和悠閒的村莊，感受著大地的味道和享受旅途的心情，適合騎士的正是這種大人的逃避行為。

看地圖的人也越來越多，說要靠累積經驗好像也沒什麼說服力了。

在規劃好行程的旅途中，無法如期到達目的地會很麻煩，只要使用摩托車用衛星導航或手機軟體的話，應該多少都會有所改善，其實就算沒有導航，順著路牌顯示的〇〇市 100 km，利用國道或是省道等道路應該還是可以到達目的地，所以推薦事前可以先在概略圖上寫下這些情報，接近目的地時最好的方式是問問當地便利商店和加油站的人，語氣禮貌，不會讓對方造成麻煩的話應該都能順利得到幫助，我就靠著這種方式好幾次都不準備地圖出遊了。

## A 事前先將簡單的情報畫成概略圖

# 請問雙載長途旅遊有什麼特別的訣竅嗎？

**我在五年前考到大型重型機車駕照，開始在周末享受著長途騎乘旅遊想要讓妻子也能體驗其中的樂趣，目前正在積極計畫雙人行程但因為沒有雙載的經驗所以有點不安，可以教我雙載時的訣竅嗎？**

## 雙人騎乘樂趣無窮

可以和伴侶一起雙人騎乘旅遊，豈不是最幸福的事情啊，但第一次的經驗最重要，如果讓她有恐怖或是不舒服的回憶時可就前功盡棄了，下一次的邀約要首肯可能就有難度囉。

所以我想要講的與其說是絕竅，不如說是教大家如何回避危險的小知識。

首先是乘車的部分，請先踢出側柱再請後座乘客上車，因為在還不習慣的時候，通常都會把全身的重量放在左腳上踩著後座踏桿，然後再跨坐在座墊上，這時騎士要一口氣支撐突然加諸在左側的體重會有點難度，所以如果可以的話，跨上後座最好的方式是左腳踩在地板上，但一開始就要這樣要求應該有點勉強。

所以一開始騎士先把上半身趴低到胸口可以貼著油箱的程度，請後座乘客左手扶著騎士的左肩，然後跨坐在摩托車上，這時乘客也將上半身趴低的話，腳就不用特別抬高也能輕易跨上摩托車了。

順利坐上摩托車之後，讓乘客的兩手像是要抱著騎士一樣穩固身體，使兩者的上半身緊貼，雖然後座有專用的握把，但一開始我推薦採用上述的方式，這樣可以讓騎士更好操作，如果兩者上半身分開的話比較容易產生多餘的動作，讓操縱車輛時產生延遲。

起步時因為車輛變重，很容易會拉高轉速用半離合的方式起步，但這就是造成起步時不穩定的原因，直接在怠速運轉的時候放開離合器，當引擎轉速下降的時候就是轉開油門的好時機，同時再讓離合器完全咬合，多多練習這種利用低轉速域的扭力來加速，可以讓起步更順暢，如果不這樣做的話，遇到起步後馬上要轉彎的狀況時，車身會搖搖晃晃而帶給後座極大的不安感。

再來談到換檔時的操作要領，在3～4000轉左右就盡量進檔，手腕小幅度往前轉迅速回油，離合器拉桿操作則是在消除離合間隙後

**有藍芽對講機的話**
**可以讓旅途更加舒服**

騎士與乘客間的交流是很重要的一環，行駛時也能交談的話可以降低乘客的不安，孕育出舒適的空間。

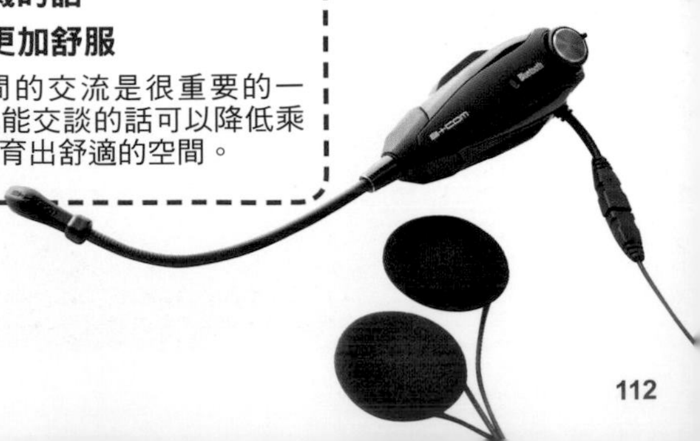

**利用後座踏桿**

乘客上車時，施加於摩托車的重量會突然增加，容易導致不安定，所以在上車的時候把側住踢出的話可以更加安心，上半身再稍微趴低的話就更完美了

**毫無不安的就座姿勢**

乘客的兩手像是要抱著騎士一樣穩固身體，行駛中藉由兩者的上半身緊貼，可以和騎士合為一體，沒有多餘動作

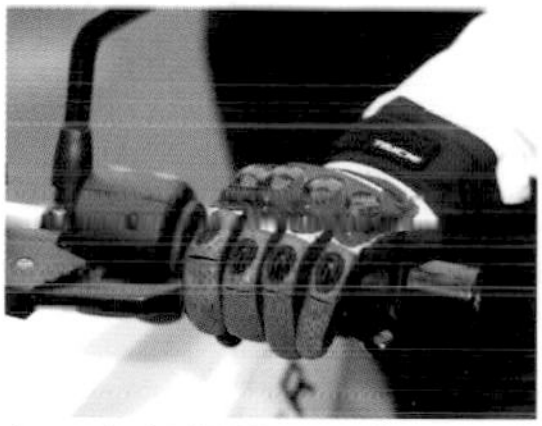

想要仔細操控，而使用四隻指頭完全切開離合器的話反而會讓衝擊變大，這點也請小心注意

**平順的加減速是重點**

換檔時產生的前後頓挫是讓乘客感到疲累最大的原因，要領是纖細地操作離合器和油門。

# A 讓乘客下一次還願意一起出遊才是重點

再多拉個4～5㎜，然後迅速放開讓其咬合，重複操作的話可以減少換檔時產生的前後頓挫感，這是相當重要的一點，因為對於還不習慣摩托車的人，疲勞都來自於前後搖動的頓挫感。

在使用前後煞車時也要先消除煞車間隙後再慢慢地操作拉桿，注意在減速時不要產生衝擊，另外對於騎士來說最困難的應該就是停車了，越是想要平順穩定的停車，預先著地的腳就會被緩慢向前移動的車輛往後帶，而導致增加立定轉倒的危險性，在熟練之前還是建議停車時可以用力扣動煞車拉桿，確實地讓雙腳著地，就算稍微產生衝擊也沒關係。

對了對了，還希望騎士們準備的是對講機，聊天可以降低行駛中的不安感，也可以一起討論途經的景點或是詢問會不會累等體貼的小舉動，讓旅途更加愉快，這種樂趣是只有雙人旅行才會有的，現在也有藍芽等等無線對講機，操作上也很簡單。

最後在迴轉的時候，這種連單人騎乘時都會有點緊張的場面，還是先請後座乘客先下車，慎重處理完畢後再請乘客上車比較好，另外一開始的行程規劃先以短距離為主比較好，就算是很短的時間，也能讓乘客體驗破風前進的醍醐味，等到習慣之後再慢慢增加距離，最重要的是讓妻子說出「再帶我去好嗎？」，不要只顧自己開心而莽撞奔馳，這點還請放在心上。

# Q 輪胎或機油等耗材的更換時機 不到規定的里程數也需要注意嗎？

**我一年只能進行數千公里的摩托車騎乘**
**雖然觀察輪胎胎紋發現還有剩，但是否應該換新胎比較好？**
**不光只是輪胎，也想請教關於機油或者其他油類的耗材更換時機**

## 輪胎也有使用期限

在輪胎方面，最好是以兩年的使用壽命為限，即使胎面還留有很深的胎紋，但為了安全起見建議還是以兩年為期，這是因為輪胎是一種有生命的耗材。相信大家應該都很清楚，輪胎是以石油化學製造的工業用橡膠為原料所製成的產品，大部分的市售輪胎製造時僅混入少量天然橡膠，但對於輪胎的製造方式，相信絕大多數人都以為是把高流動性的液狀橡膠原料注入模具中成型製造而成。不過實際上並非如此，反而比較像是揉麵糰做拉麵的感覺，或者說是嚼口香糖也滿像的。在原料搓揉的過程中，置入高溫鍋爐中，把原料內含的硫磺成分與碳分子進行化學結合，並透過時間管理調整成品彈性，此時成品內部結構的密度粗糙，因此空氣中的臭氧很容易通過完成後的輪胎。在胎體呈現無密閉狀態下，臭氧分子與胎體內的彈性分子進行化學反應，輪胎的彈性與耐磨耗性的差異就此出現了，所以就算是全新的輪胎，如放置兩年未使用的話，也會喪失原本出廠時的特性。當然啦，輪胎廠商絕對不會說他們的產品放了兩年就不能用，要真有這樣的產品也未免不夠牢靠，可是以我長年摩托車騎乘的經驗來說，如果到了這個年紀還想繼續享受騎乘之樂的話，前提條件就是把所有關係到騎乘操控的風險降至最低，所以只要換胎超過兩年我就一定會更新。如果是整個寒冷的冬季都不騎乘的話，建議最好用鋁箔材質的包材把輪胎整個纏繞包覆保存，並保存在不受光的地方才能保護輪胎不致受到臭氧變化的影響。

另外，如果觸摸輪胎表面時，往往會發現手掌有沾上黑色的微粒，這也是接近輪胎表面的部分在騎乘時因受熱而產生特性變化的有力證明。關於機油等油脂類耗材方面，大致上分為化學合成機油與礦物機油兩種成分，這兩種成分的機油在更換時機方面完全不同。詳細內容可能要另外找時間說明，但基本上只要機油變黑，就代表機油已經混入爆炸廢氣中的碳分子以及受到爆炸廢氣高熱影響而酸化。可能

**機油之所以會變得黑漆漆的**
**是因為受到爆炸廢氣衝擊的影響？**

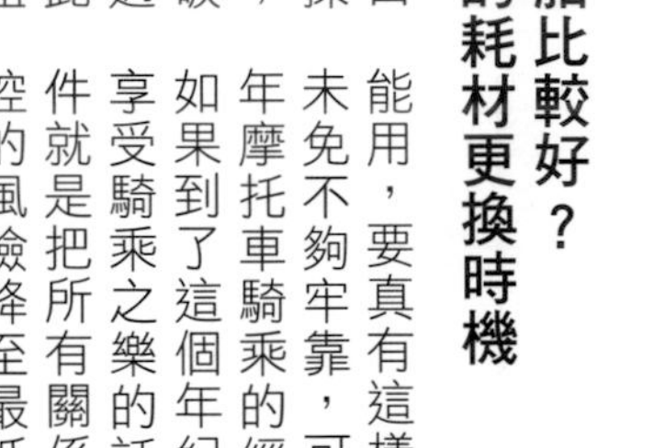


當引擎燃燒室中產生爆炸時，燃燒室內立即變成高溫環境，此時燃燒室內的混合氣會從活塞與汽缸之間的間隙漏入曲軸箱內，並且與機油相互接觸，受此影響機油內的細胞殘骸因碳化作用而變黑，這是機油之所以受汙及劣化的最大原因

機油並非只有承受高溫負荷而已，還會受到引擎內髒汙的影響，因此就算騎乘距離短、更換時間短，也早已讓機油染得一片漆黑

即使更換的是高價機油，也必須在廠商建議的使用時間內更換。如此才能保持引擎永保運作平順

**根據標記於胎側的數字確認車胎的保存期限**

標記於胎側的眾多訊息之中，除了表示車胎尺寸以外，還有許多關於車胎的寶貴訊息，其中亦包括表示車胎製造日期的重要資訊，在購買車胎時不妨先確認一下這個四位數字吧。

在胎側以四位數數字紀載的「3810」，其意思為 2010 年第 38 週製造

# 我個人的話 輪胎絕對是兩年內就更新 機油等油類耗材則參考廠商的建議進行更換

A

會有人懷疑機油如何能與爆炸廢氣接觸？其實引擎燃燒室在爆炸時會產生將活塞下壓的爆發力，此強大的爆發力會讓廢氣鑽入活塞與汽缸之間微小的間隙。也就是說，位於活塞下方的機油其實是有機會接觸到引擎爆炸廢氣的，屬於化石燃料的礦物性機油內含一定的細胞殘骸，因此在高溫反應下會導致碳化現象，這是機油變黑的最主要原因。由於碳化後的碳原子硬度很高，會開始降低機油的潤滑功能，這也是機油之所以必須更換的主因。但另一方面，化學合成機油是以天然瓦斯等為原料製成，幾乎所有成分都是以潤滑油相關配方精製而成，當然，在引擎爆炸的過程中多少都會混入碳原子，但以機油的潤滑功能而言，卻有不易劣化的特性而可以保持長時間潤滑的功能。

如果騎士覺得太浪費不想頻繁更換的話，建議使用高價的化學合成機油；如果騎士喜好每次換新機油後那種引擎煥然一新的平滑運動感的話，則建議使用平價的礦物機油。當然，除此之外其實參考機油原廠建議的更換原則，基本上對於摩托車機件的耐久性其實沒有太大的影響。

# 里程數增加後摩托車性能下降的狀況難道真的一點辦法都沒有？

**本人曾有機會騎乘跟自己摩托車同型的車款，發現別人的車子的性能狀況比自己的好實在是令人感覺很訝異。雖然自己的里程數確實比較多，但難道騎乘里程多就只能忍受愛車逐漸老舊而束手無策嗎？**

## 可以試著細部保養愛車

「總覺得摩托車好像沒有辦法跑出令人滿意的性能。感覺整體車況就是老舊，每次騎乘都令人感到疲累，一點都感覺不到騎乘的樂趣。」以上的描述，是否代表了許多騎士的心聲？

不過摩托車騎乘其實跟操控手感有很深的關聯。即使機械性設備沒有任何問題，但對於騎士來說，如果損及騎乘操控難易度，就開始會漸漸陷入越來越難以操控而每況愈下。最重要必須注意的部分在於針對騎士操控所出現的時差、以及伴隨餘贅動作所出現的現象，當這些原本細微的差異逐漸積沙成塔後，就會成為妨礙騎乘操控且令人感到不快的騎乘經驗。想改善這樣的狀況，首先可針對驅動鍊條進行調整。由於這項工程並非可藉由車載工具就可輕鬆完成，所以很多車友也只好放任不管。這除了是操作油門加減速時讓車體產生挫動的最主要原因以外，在壓車過彎過程中，在啟動加速的牽引動力效果初期階段，騎士將感受不到來自後輪緩慢但持續的路面動能輸出，如此將妨礙到下一步大開油門操作的時機點掌握。

接下來再談談連結油門操作的油門鋼絲。根據經驗，一年多的使用期還不致使油門鋼絲鬆弛，但如果使用超過三年以上的話，就算騎士不察，游隙間隔都一定會增加，所以騎士會發現，就算自己只是想稍開油門，引擎卻有如暴衝般的過動兒反應，同時在降檔操作等需要動作細微的操作也都受到影響。針對此種狀況，大家可調校的部位除了握把以外，還包括化油器以及引擎噴射單元等處，必須一一進行確認。不過針對游隙的調校決不是兒戲。如果鎖得太緊反會增加騎乘操控的困難度，大家

### 驅動鍊條的調校保養

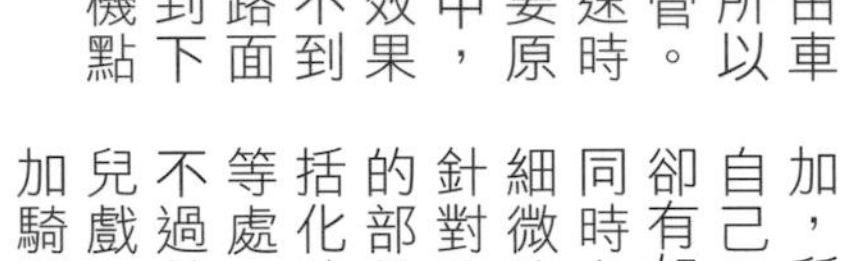

雖然一般騎士也有能力針對驅動鍊條進行調校保養，但如果沒有專業工具幫忙的話，保養作業難度頗高。另外，如果調校方式不對，對於騎乘操控也會產生不良影響，如果沒有萬全把握，還是請可靠的店家幫忙比較好。平日多注意鍊條是否有鬆弛，必且勤於清潔潤滑，才是維持系統常保如新之道。

### 氣閥之調校保養

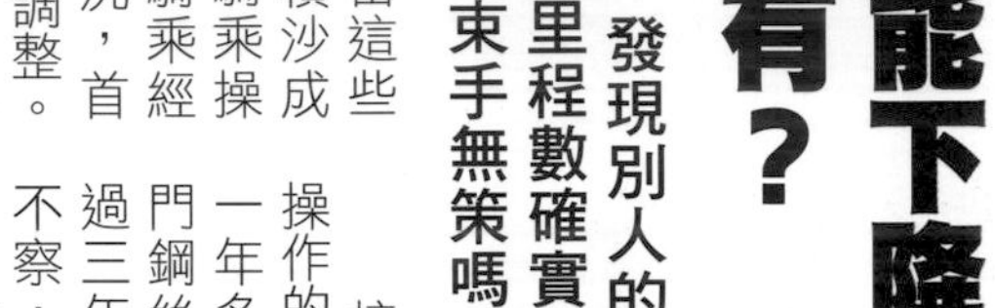

如果騎士平日疏於針對氣閥進行保養，套件在受到引擎高熱而體積膨脹時，可能會導致氣閥無法完全閉鎖而使得壓縮空氣外漏。唯有透過適切的調校保養，才能常保引擎擁有強大的動力輸出性能以及平順的敏銳反應。但由於相關作業程序複雜，建議可找熟識的店家代勞。

防塵蓋

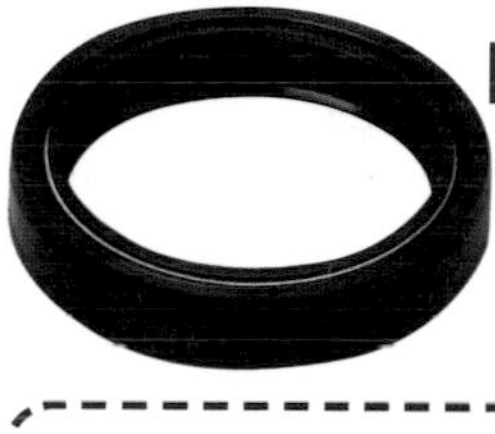

油封環

## 懸吊系統的翻修作業

懸吊系統必須定期進行翻修整理。尤其是前部叉管的潤滑油必須經常性與外部空氣接觸，經年累月下來劣化速度比想像快。騎士應於日常騎乘時多從外部觀察有無龜裂或者潤滑油外漏等狀況。萬一發現有龜裂狀況時，就連內側的油封環也要跟著一塊更換。

## 關於油門鋼絲的調校保養方法

當油門操控的游隙開始出現問題時，可能會導致騎士的細部操控失去準頭與手感。要解決此問題，可從油門把手、化油器以及噴射系統單元的調校保養方面著手。另外，油門鋼絲潤滑度如果不足，也可能導致鋼絲本身生鏽或者斷裂，因此勤於上油是必要的。

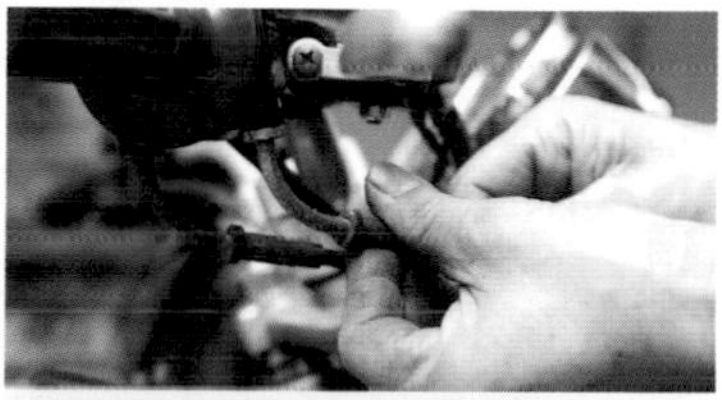

# A

# 介紹一些保養愛車的祕訣 延長愛車的壽命和 增添騎乘樂趣

一定要多加注意。另外大家也經常忽略了離合器游隙變大的問題，在等紅綠燈時，騎士如發現無法完全切開離合器，原因往往就是游隙過大在作祟。

另外，煞車系統幾乎都是透過油壓裝置在運作，雖說即使來令片有所磨耗，游隙本身是沒有變化的。不過當來令片磨損到一定程度後，從來令片接觸煞車碟盤到離開煞車碟盤之間的行程距離如果變長，從鬆煞到緊煞的過程如果距離太長，就意味著拉動煞車拉桿的行程變長了。其實這現象就跟游隙擴大了沒什麼不同。因此來令片的磨耗也是保養要確認的重點之一。還有就是在懸吊系統方面，像是潤滑油外漏、或者前部叉管內的潤滑油隨著內管伸縮運動而接觸到外部空氣，在經年累月之下使得潤滑油不足或變質的狀況也所在多有。這些都是在車身翻修時必要確認的項目。

如果引擎是SOHC型式的話，最好能針對氣閥進行定期調校。如要維持性能建議大家必須定期加以調校保養。只要保養得宜，必定能維持令人驚訝的強大動力以及平順的回饋反應，日後如果對自己摩托車的性能覺得有疑問時，不妨先從保養調校方面下手，記得在做任何決定前之先和車行老闆好好討論，才能真正獲得事半功倍之效。

# 更換鏈條齒盤是以什麼為基準呢？

曾經被建議「換鏈條時要一起換鏈條齒盤比較好」真的是要一起更換才正確嗎？另外，齒輪上齒數的差異又是為了什麼呢？

## 後齒盤可能會突然磨耗

我想應該是因為鏈條超過耐久限度需要更換時，鏈條齒輪也會磨損變形所以一起更換比較好的意思。

現在的鏈條並不像以前容易變形或是斷裂，因為耐久度提高的關係，超過耐久限度應該也很難發現吧，鏈條就算不會變鬆使間隙擴大，也會因為收縮而有同樣結果，於是連結各個鏈節的鏈軸和鏈板會因生鏽而難以活動，繃緊後也無法成一直線，就算內含潤滑油的油封鏈條，也會因為雨水從O型環處侵入，水和油又有容易混合的性質，兩者混合後會讓本來黏度較硬的潤滑油變成液狀，最後無法負荷離心力而飛散出去，鏈條無法得到潤滑而生鏽的話，繃緊後會無法成一直線，感覺毫無間隙，位置也七零八落，當然就不能再運作了。

鏈條齒輪前端之所以呈尖狀是因為比較不容易磨損，但只要一開始磨耗，在很短的時間內形狀就會產生變化，最糟糕的時候鏈條會滑脫開來，發生俗稱「落鏈」的危險情況。

就算沒嚴重到這步田地，也會妨礙循跡力的產生，這是因為出彎擺正時大手油門提高安定性與迴旋力的過

**如何清潔、潤滑以及檢查鏈條的間隙**

或是沾染泥沙會加速鏈條齒輪的耗損，需要頻繁地檢查。

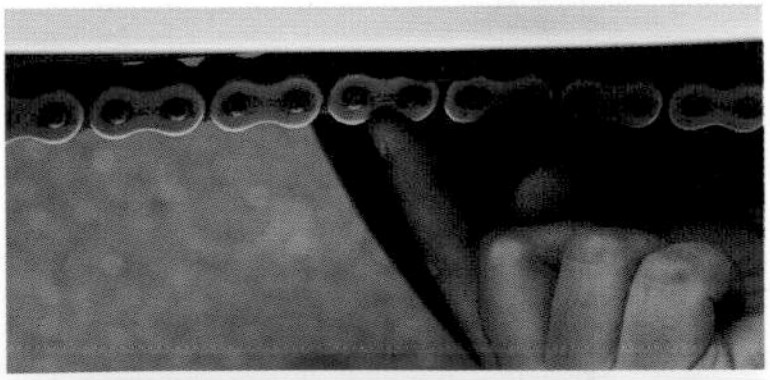

**如果缺乏潤滑的話會因摩擦導致動能散失**

鏈條是利用外鏈板上的鏈軸貫穿內鏈板的襯套連結而成，這個部分如果缺乏潤滑的話，鏈軸和襯套會磨損、生鏽，動能會因磨擦係數增加被消耗掉。

**前齒盤**

承受引擎所產生的強大力道，無論是標配款或是改裝品大多採用經過淬火工法處理，質地比後齒盤硬的鋼鐵材質

**標準配備多為鋼鐵製**
**改裝品則為鋁製**

**前齒盤**

標準配備因為優先考量成本和耐久度（比鋁製高兩倍），所以多為鋼鐵製，但重量卻是鋁製的三倍，改裝品則有輕量化及精密度較高的優點，齒數的選擇也很豐富，可以配合自己的喜好做改變

**齒尖如果有明顯的磨耗**
**就是更換的徵兆**

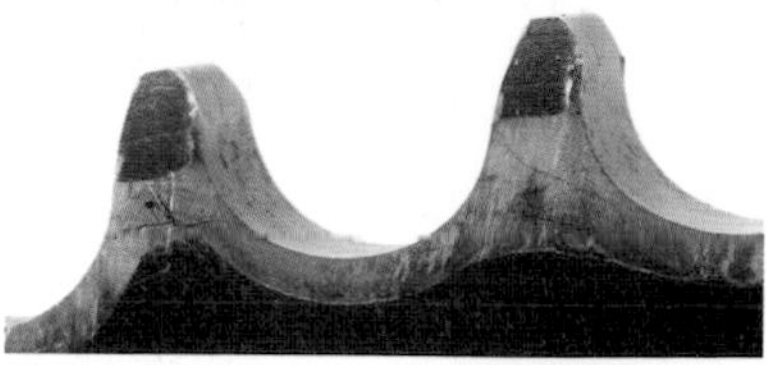

發現齒尖磨損成左右不對稱的形狀時就是耐久度達到極限的徵兆，繼續使用的話會增加動能消耗以及產生噪音，最糟糕的情況鏈條還會滑脫，增加「落鏈」的危險

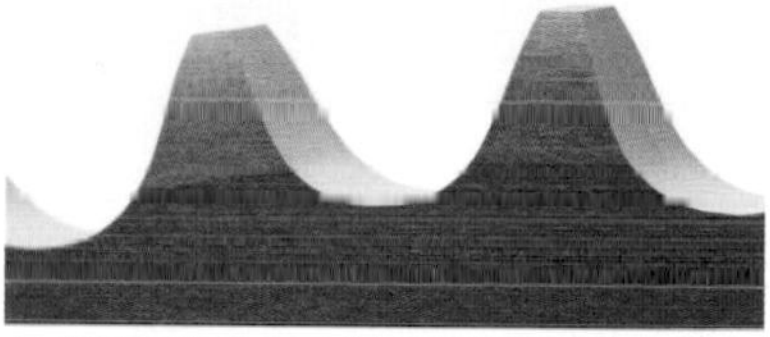

齒尖呈鋸齒狀，會增強與鏈條間的磨擦，加重動能消耗以及產生噪音

全新的齒輪從側面看是一個左右對稱的山狀，這樣才能正確地與鏈條勘合

# A 在超過耐久限度前就先行更換吧

程在一開始是藉由搖臂下滑讓後輪推擠路面，為了讓這個關鍵性動作最重要的瞬間能平順穩定，所以搖臂軸心和引擎側直徑較小的前齒盤之間的位置是精密到以公釐為單位來設定的，這邊就比較屬於專業的範疇，簡單來說就是鏈條要具有一定張力才能讓搖臂的下蹲角在初期移動後又能回歸到穩定的位置，倘若鏈條張力不足，或是與後輪側的鏈條齒輪之間的空隙過大，都會導致後輪無法得到咬住路面的過渡特性。

對於循跡力來說，鏈條間隙過小會有問題，當然過大也不好，如果不好好正視這個問題，在大手油門時會因強勁的扭力在瞬間受到抵消，無法獲得輪胎確實咬住路面的理想效果。

鏈條齒輪的齒數減少時，減速比會隨之改變，一般在比賽時，車手與調教技師會配合彎道調整設定，找尋各彎道的最佳檔位及引擎轉速，藉此更動變速箱內的齒輪比，但在一般公路卻無法確定每個彎道的特性，所以這樣做我想是比較沒有意義，當然一般道路上三檔的使用機率比較頻繁，為了各種考量稍微改裝一下也不是不行，但是時速表的檢測點是設置在接近引擎側的前齒盤附近，如果改裝齒數不一樣的齒盤時，速度顯示會有些差異，這點也需要注意，不管怎麼說保養鏈條和鏈條齒輪都是必須的，三不五時要記得檢查一下，超過耐久限度的時候就更換新品吧，會意外發現變好騎喔。

# 要重新發動放在車庫冬眠久置的愛車有什麼注意事項嗎？

## 整整一個冬天都沒發動摩托車想要重新啟動的話有什麼需要注意的嗎？

### 先讓機油慢慢循環

因為春天的腳步近了，想要喚醒好一段時間沒騎、沉睡了整個冬季的愛車也是人之常情，但是因應冬眠期間的長短，或是氣候的冷熱，需要注意的事情也不太一樣。

舉例來說，從最冷的12月開始只有兩個月沒有發動過的場合和車子放在玉山上還會下雪的地方，從10月下旬到隔年的4月下旬整整半年沒有騎過車的情況，兩者的處理方式就有不同了。

首先如果您是購買新車，愛車年齡還沒超過兩年的話，只有經過2～3個月的休眠時間後想要再度發動應該是不成問題，但是2～3個月都沒發動過引擎的話，機油會因為地心引力的關係堆積在引擎最下層，如果馬上就拉高轉速的話，金屬摩擦的部分容易因為沒有機油潤滑而受傷。

不過話雖如此，為了確保壓縮功能，活塞上會有活塞環的設計，應該會有機油殘留於溝槽裡，再加上汽門等等可動零件都為了可以保留機油而在設計上下過功夫，所以剛發車後不要一直「轟～轟～」的空檔拉轉就好，就放著暖車一下，不要去轉油門，水冷車的話等到水溫計開始慢慢上升，氣冷車的話就等到缸頭溫度高到手無法持續觸摸的話就可以慢慢地開始行駛了。另外，如果愛車邁向第三年時，過了一個冬天後，電池還有沒有足夠的電力啟動引擎就是令人擔憂的地方了，如果每天都在騎的話，才三年是不至於會讓電池效能下降，可是如果經過長時間休眠沒有充電的話，有可能啟動馬達轉到一半就沒電了，就算當下處理完畢，之後也有可能只要一個月不騎就會完全沒電。

雖然這樣講可能會有

**先讓機油循環暖車**

**才能預防引擎受損**

雖然只是停放一個冬季，引擎機油是不至於乾掉，但啟動後建議不要空檔拉轉，長時間沒發動的場合可以利用熄火按鈕讓摩托車處於無法點火的狀態，讓啟動馬達轉個幾次後再開始點火。

**請牢牢謹記**
**自己也需要暖身**

長期沒有發動愛車，代表騎士自己也很久沒有騎車了吧，身體的動作、平衡感以及反應力都會比較遲鈍，所以也需要留意。

**長時間停放後先將電池充電**

如果長時間沒有行駛讓電量回充電瓶的話，啟動馬達有可能轉個幾次後電池就沒電了，變成這種窘境前先把電力充飽吧。

# A 不是只有摩托車 連騎士也別忘了暖身

點奢侈，但到第三年就把電瓶換新就能避免這個問題，想想看正要出門旅遊的早上無法發動愛車的場景吧，為了不要讓好好的一個假日泡湯，這點錢還是很值得的，而且就算接電讓舊的電池重新復活，它的總電量也還是會慢慢下滑，結果在旅途中不能發車也是很掃興的事。

假使事先知道要停很長一段時間的話，如果是生活在嚴寒地帶的讀者應該就會知道把電池拆下來保管比較好，等到要發動前先把電池充飽後再裝上摩托車吧。

另外，在一開始發動的時候可以先把位於右邊手把上的熄火開關調成OFF的狀態，讓啟動馬達轉個五秒鐘後休息一下，重複兩三次後再把開關調成ON的狀態讓引擎點火。這是因為引擎長時間沒有運轉，內部零件上的潤滑油如果乾掉的話，一口氣馬上點火的話會很容易傷害到各部位零件，所以才利用這種方式讓機油稍微循環一下，如果電量不足的話就無法順利完成這個動作。

另外還要確認胎壓、鍊條、煞車來令片等零件，也別忘了機油量和車身檢查，有一段時間沒有行駛的話，輪胎表面有可能硬化，增加打滑的危險，來令片和煞車碟盤也有可能會生鏽，無法隨心所欲地發揮出制動力，當然騎士自己好一段時間沒碰愛車，反應力也會下滑，所以別忘了無論是人或車，都需要暖身喔。

# 隨著年齡增長使得體力一日不如一日 是否有延長騎乘年齡限制的良方？

**根本先生今年 69 歲，我雖然也已年過 60，但依然希望能享受摩托車的騎乘之樂可是卻往往容易感到疲倦而且引發腰痛 請問是否有改善良方？另外想請問是否有適合中高齡騎士的操控技巧？**

## 不要勉強使用蠻力

隨著年紀的增長，有越來越多的人會問我，為什麼到了這個年紀都還可以繼續騎摩托車？我並沒有努力或者勉強自己去騎車，說到唯一的原因也就只有「喜歡」二字而已……，並同時盡力去滿足這個興趣。

在體力方面，托大家的福還算過得去，但在經常性腰痛或者足部抽筋等症狀方面，就跟一般同齡人沒有什麼不同了，而且發生頻率也不低，看來人還是得服老啊。即使在參加 Daytona 比賽過程中，都會感覺到腿部隱隱傳來的痠抽痛感，隨著年紀日益增長，這些來自身體的警告訊息是抵擋不住的……，我在過了 60 歲以後就徹底服老了。不過我還是會盡量騰出時間，養成到運動中心游泳或運動的習慣，尤其是留意大腿骨的開合範圍，盡可能地大幅度活動身體。另外，在容易感到疲倦方面，像是平常跟家人一塊出門購物時，我也和大家一樣沒多久就覺得累了想要休息一下。但是在進行摩托車騎乘時就不是這麼回事，因為自己會一直想繼續騎乘，所以全程都保持在情緒亢奮的狀態。

我認為另外還有一個很重要的理由就是我從不靠腕力騎乘，我在 20 歲時曾經在富士 SPEED WAY 國際賽車場上的那個非常危險的 30 度傾角彎道上，在全速進彎時不幸發生活塞突然崩解插入曲軸而導致整個系統鎖死的意外，在時速超過 200 公里的情況下我整個人被狠狠甩出賽道。雖然幸運保住了小命，但全身骨折無數，更慘的是顏面受傷嚴重，從嘴巴到鼻子右側受到嚴重擦傷，有好幾個月無法進食而必須依靠點滴攝取營養。在這段期間原本就清瘦的身材更是消瘦成皮包骨。雖然我對重返賽道的意志仍然高昂，但對於體力負荷方面卻完全沒有自信……。不過，這也讓我拼命嘗試摸索不靠腕力騎乘的方法，研究出不需靠蠻力也能操作摩托車的技巧，加上我本身對機械就很有興趣，也會買外文書來鑽研摩托車的性能與結構，這也讓我徹底了解順勢的重要性，只有順著摩托車的勢才能用最敏

根本先生以1972年款的Moto Guzzi V7賽車，連續13年參加於美國Daytona舉辦的經典車大賽

到了1970年代後期，即使根本先生身為WGP的選手，也無法解放內心的恐怖感，全是因為在喜愛摩托車騎乘的意念支持下，才能至今依然能夠享受摩托車騎乘之樂

# A 摩托車騎乘並非靠蠻力 最重要的還是 喜愛騎乘的興趣

捷的速度快速壓車過彎。

另外，就是我本身還有一個決定性的特質，那就是我天生是個膽小鬼。還記得我剛開始接觸摩托車騎乘時，只要稍微把車體壓低一點，心理就會因為害怕滑倒而恐懼不已，一面覺得恐怖一面戰戰兢兢地進行騎乘操控，所以在我的字典中絕對不可能出現為了摩托車騎乘而出現的蠻力或愚勇。因此我在懸吊調校方面，像是在回彈衰減力度上就會保留比較長的設定，萬一產生滑走也會有較強的回復力，即使這樣的設定會在加上騎士體重後可以下沉近半的行程量；在化油器方面，我寧願捨棄對油門操作反應敏捷的設定，反而偏好可讓人安心大開油門的遲鈍反應等，就算諸如此類的設定在一般人的眼中看來可能減損摩托車的性能表現，我也樂此不疲。因為就算我如此小心翼翼了，我的內心還是從來沒從「恐怖」之中解放出來過，當然也有時候我會忘記恐怖感，但這種狀況通常是發生在一心一意為了打破單圈紀錄而忘我的時候。不過事後檢討起來這種忘記恐怖感的時候因為缺少警戒心，也是最危險的時候。要經常保持心中的恐怖感才是永保享受騎乘之樂的不二法門，這也是讓我能持續享受摩托車騎乘之樂的秘訣。

# 想要重拾摩托車的樂趣 是否應該先從小排氣量車款循序漸進？

**對於一個距離上一次重車騎乘已經過了 20 年的人來說 雖然一直抑制不住內心想要直接挑戰大型摩托車騎乘的衝動 但是否還是應該先從小排氣量的摩托車開始入門比較好？**

## 選擇所愛的最實際

年輕時曾經騎乘過當年最流行的 250 或者 400 等車款，當時只要 750 排氣量的就已經算是超級重型車了。但伴隨著科技發展至今，公升等級甚至超越公升級的大排氣量車款才是令人躍躍欲試的，但是想請問一下，是否在手感還沒全部回來之前，應該先從中型排氣量等級的摩托車開始入門會比較好呢？

其實本人經常遇到這類型的問題。是沒錯啦，如果能從漸入佳境的角度來思考的話，首先可從足以負荷的車重以及性能出力的摩托車開始，逐漸增加手感與騎乘技巧。不過大家仔細想想，不過是為了興趣，有必要磨耗浪費自己享受人生的美好時光嗎？所以我建議大家就算是很久沒騎了，也應該一開始就從自己最想騎乘的摩托車下手，這是我由衷的建議，因為如果一開始在選擇車款的時候就違背自己的本心，之後一定會有：「當初要是選擇原本那台就好了。」的想法。

以目前上市的大型重機而言，無論從哪個層面來看，都大大降低了對初學者操控的門檻。即使是引擎的出力性能，儘管猛烈的加速過程足以讓騎士頭部後仰、兩手腕不住震動。相反地，即使在比怠速再高一點點而已的引擎轉速，騎士只要稍開油門就可獲得既平順又強大的加速性能。騎乘操控性也一樣，輕快的操控手感，比以往的 400cc 等級更加輕快好操作，最重要的是，車體對於騎士的操控反應既順從又靈敏。以上這些系統的進化，或許跟 80 年代所發展的小直徑車胎或者以單槍式懸吊臂搭配鋁合金車架等顯著的進化比起來，從外觀上看起來似乎並不顯著，但其實原本做為基礎的基本設計中間有許多細節不斷改良演進，因

**騎士頭部靠近手把後大腿自然可往上抬高**

跨坐上車時，騎士無須刻意注視右腳，應儘量放低頭部與上半身。如此一來大腿可自然往上抬高，以利騎士輕鬆跨坐上坐墊

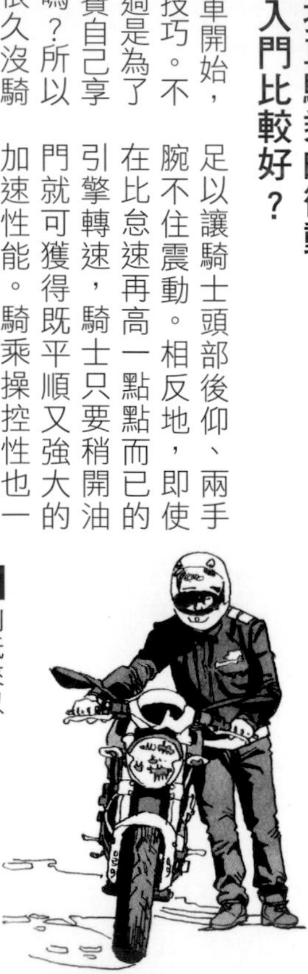

**即使車體巨大只要靠著騎士身體就能穩定車身並減輕重量**

為了減輕支撐摩托車的重量，同時穩定車身不使其晃動，騎士可將車體微微傾斜並輕靠住騎士的腰部

# 只要理解操駕風險 大型重機的樂趣也最奧妙

此騎乘操控度的提升已經到了一個前所未有的境界。

儘管話雖如此，一旦各位騎坐上了摩托車巨大的車體後就可發現，除了少數特殊車種是以強調車重為設計理念之外，各位可以實際感受一下，相信車重幾乎等同各位過去所熟悉的400cc或者750cc左右，甚至更為輕巧。只不過，對於停車時的相關動作需要稍微注意一下。最好可事先將車體朝身體稍微靠攏後再停駐車體，這也是只需稍加練習就可上手的過程。在準備跨上車時，採取好像要把頭往把手中央鑽入般的姿勢，一口氣跨坐上去。如此一來抬腿的姿勢最自然，也最不花力氣。這些基本功夫在本雜誌過去的專欄或者相關專書內都有介紹，請大家自行多加練習。

其他像是煞車把手的操作以及正確的握把方式等，這些都和十幾年前的操控方式有所不同，而且相關操作元件的外型也已經改變，這些都必須要預先在心裡有譜。相信有不少朋友都還保留了過去騎乘時所留下的一些操控習慣，讓心理產生不必要的緊張與壓力。問題尤其容易出在早已習以為常的引擎轉速領域。過去評判騎士技巧好壞的要素之一在於是否有能力維持與引擎轉速回補相近的轉速領域，但如今早已不是那麼一回事了。即使引擎的最高轉速高達一萬轉，在攻彎時必須在3到4千轉時大力催促油門才是正確的操作方式。除了沒有車胎可以承受得住在壓車過彎的同時將引擎維持在極速狀態外，還有就是由於高轉速領域往往是產生連續性爆炸間隔的時期，以路面抓地性能而言，反而不如低轉速領域時扭力的傳達更具效力，使得攻彎的過程更加穩定，迴轉性也更加效率提升。保留部分油門開量，維持在非加速也非減速的狀態，靜等彎道出口出現在眼前：如今這樣的操控更具刺激感！

諸如此類，現代版的大型重機只要騎士正確掌握車況，車體自然會根據騎士的指令演繹出正確的動作。只要正確了解潛藏風險之所在，騎乘大型重機所能夠帶給人的騎乘刺激感絕對是無與倫比的，同時也能讓人生更加精采而豐富。

**以低轉速緊咬路面**

現今的摩托車即使在低轉速也有足夠的扭力。此種扭力可以提高過彎時的抓地力，提升車體的穩定性與迴旋效率

**維持引擎高轉**

在1980年代的仿賽車全盛時期，經常需要將轉速保持在動力輸出峰值附近，彌補低速時的扭力不足。

# 如何做才能放鬆肩部的肌肉緊繃？同時克服心中的恐懼感？

**在天氣寒冷的季節騎車時，往往肩部都會不自覺肌肉緊繃，該怎麼做才能「放鬆肌肉」來騎車？又到底該如何才能夠真正放膽把體重掛載於摩托車身上？要怎麼樣才能夠克服騎乘時的心理恐懼呢？**

## 恐懼是自然反應

人在寒冷的環境下肩膀自然會緊繃而僵硬起來，那究竟該如何做比較好呢？當然做好防寒工作是最基本的，尤其是真正酷寒以外的時節最容易讓人疏忽低溫的可怕，所以在寒冷季節騎乘時，最好將賽用皮衣的內襯或者運動外套的內層摺好，放在車用行李箱內隨時備用。其實一般的購物塑膠袋也是很好用的東西，如果中途遇到下雨狀況，可以用塑膠袋把靴子套起來就可預防襪子打濕，其實這也是防寒的必要手段之一。

以上所述的各種防寒方式，以及在休旅騎乘途中，騎士自己必須記得經常鬆緩肩頭緊張的肌肉，這樣在騎乘時才不致讓身體硬梆梆。另外還有一件也是騎乘技巧中最基礎的事項，那就是手握握把的方式。建議從握把內側開始，隔一個手指的空間往外側臥，無論是操作油門或者操作離合器都一樣，手的支點或支撐點應依照小指↓無名指↓中指的順序，越是握把外側就握得越緊，而且切記手腕部可彎曲，尤其是左手應該儘量保持與把手呈水平的角度，握住油門的右手在放掉油門時手腕應該是朝向下方並且保持隨時可再加速操作的姿勢。除此之外，騎士必須保持兩側手腕不外伸，手肘則稍微朝向外側，感覺上就像是用兩手腕環抱一個大油桶的角度最為理想。

將以上這些操控重點組合搭配起來，即使前輪發生左右震動現象，上半身也不會晃動。建議可以嘗試在停車狀態下跨坐在車身上，請位朋友嘗試幫忙搖晃前輪或者車身其他地方。如果騎士握住握把的外側、手腕的角度接近水平、同時兩手肘是稍微往外側彎曲的話，應該可以發現騎士的雙肩是不

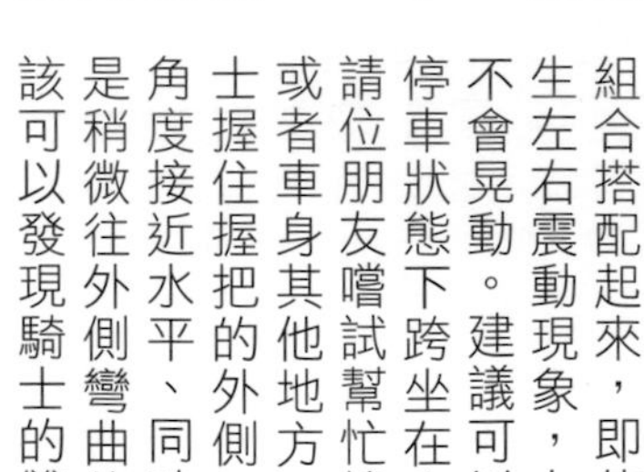


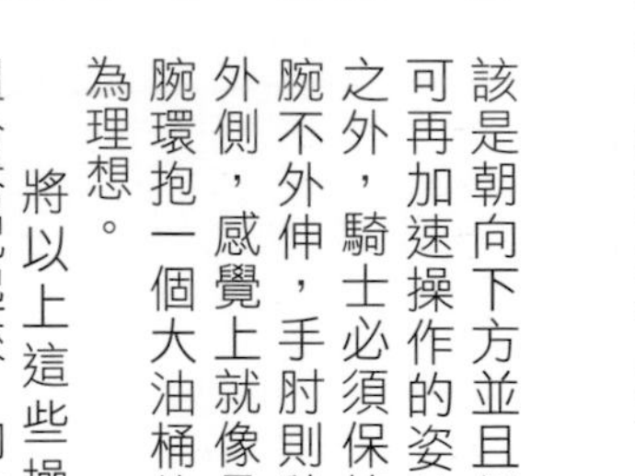

**如果以手腕支撐上半身就無法有效握住握把**

如果採用從小指開始的纏繞式握法卻感覺有些不太順的時候，很可能是因為騎士將手腕伸得太前方並且對手把施加了壓力；如果握法正確，騎士上半身的肌肉即可放鬆，如此就可利用下半身來緊掛車身

太會搖晃的，這種騎乘方式在面對路面出現較大的凹陷不平處時也可發揮穩定騎乘的功效。除此之外最重要的就是在日常騎乘中，騎士不易感受到來自摩托車身所傳來的小幅震動等微幅的車身搖晃，如此一來就比較不會因為經常處於警戒狀態而導致肌肉緊繃。另外，在油門操控以及離合器操控方面，這種騎乘姿勢可讓騎士輕鬆騎乘、同時在不易疲勞的前提下正確操控。其實車身的設計原本就是依照上述的騎乘姿勢來打造的，所以騎士保持正確騎乘姿勢其實原本就是想當然爾的，另外，為了能將體重穩穩加諸於後輪上，首先要取決於騎士上半身是否能夠完全放鬆肌肉。肌肉放鬆再乘坐上摩托車的話，不僅腰部較為沉穩，車身掛載的穩定度也比較高，如果騎士還是會感到心有不安的話，也可以夾緊雙膝來增加穩定度，這也是人體出力卻不會對車身產生任何不良影響的唯一部位。

　最後關於克服心魔障礙這一部分，我只能再次重複過去不斷強調過的一件事，那就是其實我自己每次摩托車騎乘時都很緊張且害怕，只要稍有一點什麼事情心裡都緊張得要死。當然啦，越是習慣了摩托車騎乘，對於恐懼感產生的速度可能稍慢，但恐怖就是恐怖，人與人之間並沒有程度上的不同，不過有時候也曾發生過沒有感覺那麼恐怖的經驗，也就是還算「進入狀況」，但事後想想這只是因為一時太過進入狀況，打心底少了那麼點警戒心而已，不過由於在這種時候反而最容易出現轉倒意外狀況，所以大家要努力的並非是如何克服恐懼，反倒是應該隨時掌握並衡量自身技巧與狀況，適時做出最佳判斷與反應才是。

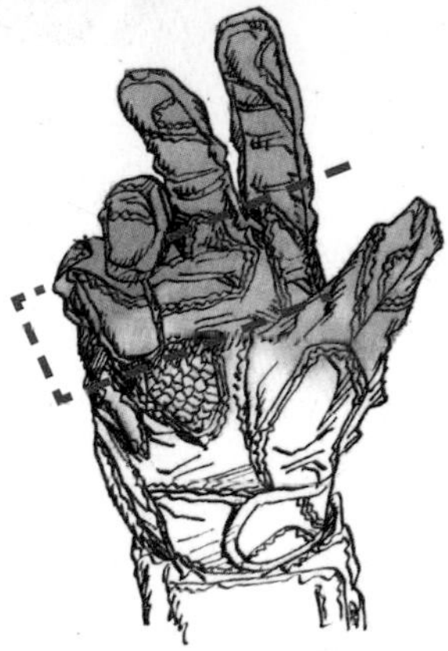

**從小指開始圈住握把**
**依序把指頭纏在握把上**

不要一下子就握緊握把，應該是從握把的底部往內側移動一點後以小指與無名指的手掌連結處開始緊觸握把，然後從小指開始依序朝握把以纏繞般的方式握住握把。小指與無名指應握住握把，而中指與食指只要有放在握把上的感覺即可。

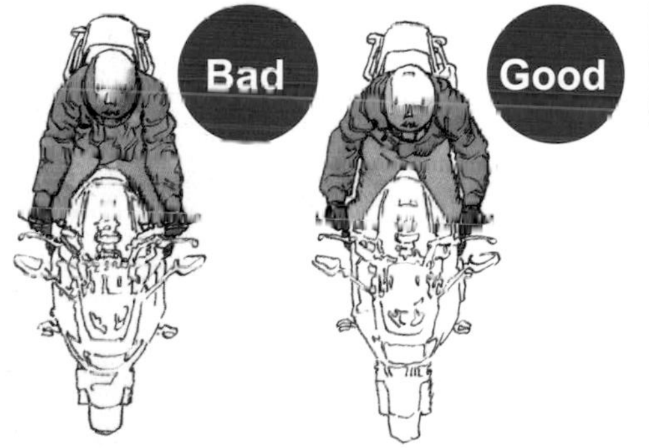


**手肘呈現自然彎曲狀態避免對手把施加不當力道**

滿把緊握的話，騎士的手腕將完全打直前伸，讓手肘緊迫而無餘裕；但如果採用自小指開始逐漸纏繞在握把上的話，手肘就可自然彎曲，手腕的肌肉也可自然放鬆

# 改變握握把的方式 就可提升操控性 恐懼感則能保障騎乘安全

# 為什麼性能越高的摩托車座位也都跟著水漲船高呢？

**我是一個身高只有155 cm的小個子騎士，坐在超跑上時腳都搆不到地面**

**為什麼摩托車的性能越高座位也越高呢？將座位設低一點會有什麼不好嗎？**

## 為了過彎時的操控性

像超跑等高性能的摩托車，座位的確會設置在較高的位置，同樣是大排氣量的摩托車中，美式機車的座位就低到兩腳可以自然平貼地面，但抱持著想要試試華麗過彎……等等各式各樣的理由選擇超跑的人也不少。

車廠也了解這個問題，但卻無法妥協配合更多騎士將座位調低的原因有幾點，下面就來一一說明。

最主要的原因是超跑大多以過彎性能為最優先考量的載具，超跑和比賽車一樣，騎士都會在彎道中深深地將腰部側掛到彎道內側，用膝蓋摩擦路面的姿勢在騎乘，這時外側的大腿會移到座墊上，利用大腿與座墊的接觸面來承受騎士的體重，當這個位置過低時，騎士的下半身就無法隨心所欲地移進內側了。

雖然因為最新輻射胎的演進可以將座高稍微調低，但要活用60度以上的壓車傾角、重心移向內側的側掛美技就會變的無法使用了。

加上迴旋時騎士的體重若處於較高位置的話，會因為槓桿原理使迴旋力增強，雖然摩托車的重心越低的確會越安定，但還要計算過彎力道的關係，低重心也並不是放諸四海皆準的道理。

仔細觀察超跑的座位就能理解為什麼座位後端會繼續往上翹了，因為在沉腰側掛的時候，彎道外側的膝蓋到大腿部分是處於斜切座墊的狀態，這是藉由跟路面間的角度、距離等位置關係所設定出在加速時利用體重引導出循跡力的最佳姿勢，如果是以騎乘休旅車等上半身較為直立的騎姿煞車的話，腰部就會有向前滑動的缺點，所以超跑的設計都建構在可以用極深的傾角強勁迴旋，著重在過彎性能上。

這些設計當然也包含

**將腰移向外側**
**腳就能確實著地**

如果腳搆不到地面而感到不安時，確實地將腰部移向外側的話就能單腳著地，這種狀態時就算車身有點傾斜也不要緊，只要催油門讓後輪有驅動力，車身就會直立起來

超跑的座位設置較高，如果用同傾的方式騎乘時會讓人感覺怪怪的，這是因為超跑本身設計就以符合側掛的姿勢為前提，重視過彎性能的關係

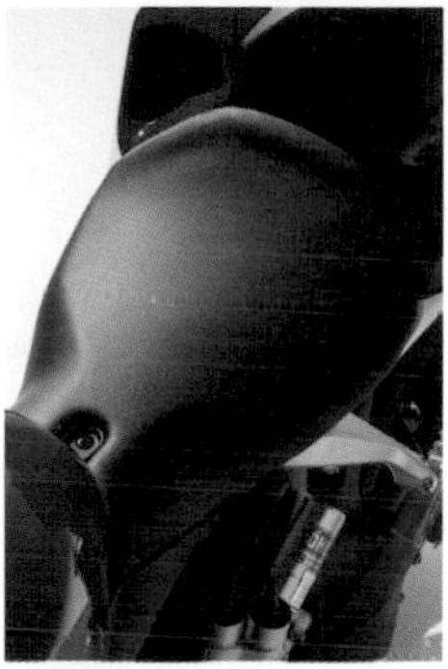

**座墊的形狀也以過彎為優先考量**

超跑的座墊比想像中的還寬，後端也理所當然地上翹，設計成這種形狀是為了在沉腰側掛的姿勢下加速時能更有效率地分配體重及確實引導出循跡力的關係。

**超跑的座位較高是過彎性能為優先的結果**

因為要側掛讓騎士的外側大腿利用座墊承受全身重量，座位太低時騎士較不容易移向內側，另外，體重等等負重位置較高時，迴旋力也會比較高

# 超跑的座位較高是過彎性能為優先的結果

A

了腳踏位置，為了能壓低傾角和迅速左右傾倒，超跑的引擎和車身寬度都縮小到極限，如果車身左右有重量物的話，會因多餘的慣性產生鐘擺效應，導致傾倒時發生延遲，多虧於這種纖細的車身，腳踏得以設置在較低且過彎時不會磨擦到地面的位置，倘若腳踏位置過高，要想維持沉腰側掛的姿勢就比較困難了，經過這些說明各位讀者應該就能理解了吧。

個子瘦小的騎士要騎乘超跑的確會比較辛苦，但因為車身線條較為緊密，座墊前端還會更往內縮，小個子的騎士也是可以單腳著地，雖然在停車時還要特意移出腰部才能穩穩踏在地面好像是有點自虐，但至少不用因為完全無法辦到而放棄了，畢竟在一般道路上也很難吃滿傾角過彎，要沉腰側掛也有一定限度，所以利用調整懸吊系統讓座高下降也不失為一種方式，但是如果搖臂的角度過低時會減損循跡力的效果，所以一定要詢問專業人員再做更動。

# 漸漸地難以駕馭大排氣量超跑 該怎麼辦才能改善呢？

**我相當喜歡大排氣量超跑的戰鬥感**
**但因為年齡漸增的關係，最近越騎越不舒服**
**對於這樣的我有沒有推薦其他的車款或是輕鬆騎乘的方法呢？**

## 體力本來就會每況愈下

隨著年紀增加，在駕駛體積和車重都比較大的重機的確會辛苦一點，而且因為動態視力跟反應神經都會逐年下降的緣故，無法再像年輕時一樣可以應付各種突發裝況，所以其實換乘一台車重較輕，也比較好駕馭的小車，我自己也覺得算是一個還不錯的方案。

首先想要推薦的是600～800 cc級距的超跑，車子的整體性格和公升級超跑相差無幾，但操縱時的輕巧感可是有著驚人的差異，光看規格表上寫的重量，應該就能感受到兩者之間的差距。

但是在600 cc因為WSBK的關係，可以說是中級距跑車的激戰區，所以也有不少是專為賽道設計的仿賽車，這些猛獸都搭載著高轉速型的兇猛引擎，駕馭時必須全神貫注毫無喘息空間，在本回的問題為前提下，實在是無法推薦這類型的車款。另外也可以換騎別種車款看看，如果讀者已經騎慣了四缸超跑的話，換乘雙缸或是三缸超跑的話，會因為車子整體反應比較平穩，比較不需要繃緊神經，但要注意的是比較高端的仿賽車無論四缸或雙缸，在性能和操控的銳利感上幾乎相差無幾，所以還是選擇比較不屬於賽道用的跑車，操控起來比較輕鬆寫意，反而會讓人慢慢熱血起來。

或是乾脆換騎舊一點、騎姿比較沒那麼戰鬥的雙缸車款，這種車也有其特別的騎法，除了騎起來帥氣滿點之外，也會逐漸激起潛藏於心中的戰鬥慾望。

另外還想推薦的是休旅車，雖然是可以依照自己喜好加裝置物箱的旅遊車款，但也不是所有設計都是為了長途騎乘為優先考量，休旅車欠缺操縱敏銳度，比較無

### 享受與四缸不同的操駕樂趣

MV AGUSTA F3

雖然扭力的確是只有675 cc的等級，但車身整體反應比起公升級超跑更平穩，騎乘時不用太神經質，騎起來輕鬆簡單反而會讓戰鬥情緒逐漸高昂起來

### 輕量、結構緊密化後輕巧好操控

HONDA CBR600RR

比起公升級的超跑，600 cc的跑車從規格表上就能感覺到兩者之間重量的差異性，整體性能沒有下降多少，但卻驚人的輕巧好操駕

**不單純只是旅遊**
**也兼顧攻彎樂趣**

休旅車很容易讓人誤解成旅行專用的摩托車，但其實也可以富有節奏感地攻略山道。

**大鳥車款激發出**
**心中埋藏的**
**冒險精神**

直接換乘不同的車款也是提高騎乘動機的一種方式，體驗看看全新的感受也是不錯的喔。

法享受操駕的醍醐味一直以來是人們對於休旅車的錯誤刻板印象，但其實經過特地調教的避震器設定和其他配置，習慣之後反而可以維持不錯的操駕節奏，年紀逐漸增長之後，我反而覺得這類型的車款給人的滿足感也不會輸給超跑。

　而且休旅車從以前就大多配置綜合性能較平均的輪胎，在路面狀況惡劣的時候，會比超跑的高抓地力輪胎感覺更佳，表現更好也不是什麼稀奇的事情。

　隨著年齡提高換乘性能較差的車款當然可以迴避危險，但如果反而因此讓自己喪失騎車動力的話就沒有任何意義了，結果導致騎車時得不到快樂，就會越來越不想騎車了，最後甚至會後悔自己為什麼要換車。

# A 換騎從沒碰過的車款 轉換心情體驗不同的樂趣 算是一個不錯的方法

　最後再囉嗦一點，如果每次跨上超跑都覺得已經是一種折磨的話，可以換成現在相當流行，公路越野兩相宜的大鳥車款試看看，說不定會讓自己逐漸熄滅的重機魂又一口氣爆發出來，變得每天都想騎車也說不定喔。現在世界上各大車廠都持續投入心力在開發類似車款，也是因為看上40～50歲的中年騎士在這車款上的消費潛力。

　不管怎麼說，身為騎士都無法抵擋新東西的誘惑，對於沒有體驗過的車款抵抗力較差是再正常不過了，遇到瓶頸時換個心情也是相當重要的喔。

# 小個子的騎士在賽車時比較佔優勢？

**我一直在關心摩托車輕量化的效果，但絲毫忘記自己應該也需要輕量化了發現 MotoGP 有很多小個子的騎士，賽車是不是也和賽馬一樣嬌小且體重輕的騎士在賽車場上會比較佔優勢呢？**

## 其實沒甚麼差別

這樣講可能有點失禮，但你只要不要胖的跟相撲選手一樣的話，基本上體格和操駕的難易度上是沒什麼太大的關係。

的確，在我們的印象中，MotoGP 的騎士大多數好像個子比較瘦小，但這是因為他們大多數出身於歐洲裡賽事風氣強盛的義大利或西班牙，而且在很年輕的時候就開始比賽，然後慢慢地從 Moto3、Moto2 開始一步一步爬到 MotoGP，尤其是從小排氣量廠車開始騎乘的年輕人，因為年紀的關係，體格比較瘦小也很正常。

但是英國、美國或是澳洲就比較不一樣，他們大部分是從排氣量較大的 WSBK 比賽中脫穎而出，所以如同各位所知，反而是體格比較好的騎士占大多數。

不管怎麼說，小個子體重較輕的騎士也好，體格佳體重也有一定分量的騎士也罷，到底哪一種在追求極限的賽車運動中駕馭著擁有強大性能的摩托車時能更有利，仔細想想歷年冠軍就知道其實兩者沒什麼差異。

要再詳細解釋的話可以拿出彎擺正到直線加速衝刺當做例子，這時為了避免後輪打滑，電子系統會介入調整性能輸出，配合當下情況微調，所以不會出現體重比較重讓加速度變慢這種問題。

懸吊設定我想也是會有疑惑的部分，各位可能會覺得騎士較重時就會選配比較硬的彈簧，比較輕的選手，採用的彈簧就比較軟，其實不是這麼一回事，也沒有這麼複雜，廠車也可以藉由如同市售車一般調整預載，個別因應每個選手的體重在可動範圍內做設定，加上調整組尼強弱，幾乎也能達到同樣的過彎感受。

簡單來說也就是在切入到迴旋時，避震器下沉，輪胎抓地力強的這段時間，體重輕的騎士會學習如何配合車身狀態加強負重，體重較重的騎士則會利用體重的優勢來迅速達到最大抓地力的狀態，所以只要是有一定水準的技工都會知道決定彈簧硬度和阻尼強弱的不是體

**歷代冠軍也有體格強壯身材高大的騎士**

[Freddie Spencer] 身高：178 cm

1980 年代時活躍於賽車場的 Spencer，用著比任何人都還快的速度衝進彎道後迅速轉向猛烈加速出彎，擁有 Fast Freddie 的外號，1983 年開始成為 WGP 的王者

### 確實配合自己的體格調整最佳的懸吊設定

就算是騎乘經歷較短的騎士也應該試看看調整避震器設定，藉由讓愛車更符合自己的要求，可以減輕騎乘疲勞和加深騎乘樂趣。

### 標準設定不代表可以輕鬆騎乘

歐美的大型車款出廠時會以「體重 90 kg的騎士雙載騎乘，於時速 200 km/h 的時候全力煞車」做作預設條件在調整懸吊設定，體格比較纖細的東方人在騎乘時會比較難以駕馭是正常的。

# A 體格和體重並不是決勝的重要關鍵因素

重，而是操駕風格。

各位現在於市面上看到的超跑大多以歐美人的身材為前提來設計的，所以對於身材比較小的東方人來說，不習慣的時候會覺得腳的著地性和操控性不佳，當有這種情況的時候可以試著積極調整懸吊設定，應該會變的比較好騎才是，這是因為車廠的設定只是抓個平均值，讓大部分的人都能毫無問題的操駕，但這個就和開車一樣，每個人上車都會因應自己的體格來調整座位位置吧，所以同樣地，配合自己的體格調整懸吊設定，也是件很理所當然的事情。

如同前文所說的，就連在速度提飆到極限的賽車世界中，騎士體格和體重的差異都不是什麼決勝的關鍵，所以我們一般人的重點反而是在於如何配合體重來調整設定，畢竟飆車並不是騎車的唯一目的，如何讓循跡力的反應讓操控更輕易，或是讓車身的前後動作不會讓騎士過於疲累，如何配合自己的喜好調整設定，可以更安全地享受騎乘樂趣才是最重要的。

千萬不要妄自非薄地認為自己年資尚淺，不過是個外行人有什麼資格去調設定，多多參考流行騎士所刊載過的懸吊設定密技，一口氣大幅度調整設定的話，應該可以確實感受到其中差異，只要好好紀錄原本的設定，不用怕調不回來，請多多嘗試。

# Q 馬力和扭力的差別是什麼？

**在規格表上比較被在乎的都是馬力扭力數值好像比較不會被關注的感覺到底兩者有什麼差別呢？是騎乘時可以感受到的東西嗎？**

## 運用的場合不同

提到摩托車的性能時，無論是誰都會先關心最高輸出，也就是幾匹馬力，的確沒什麼人會去注意隔壁記載的最大扭力然後發出讚嘆。

馬力和扭力都是表示引擎的輸出數值，不過兩著之間所代表的能力卻不同，要用專門術語解說反而會變複雜，因此下面就利用實際狀況來解釋兩者間的差異。

馬力越大時，最高速度和加速度就會提升，以180ps／10000rpm為例，代表在1萬轉時油門全開的話可以產生180匹馬力，扣掉空氣阻力和重量等等因素，能將摩托車帶入280㎞／h的領域，如果增加5匹馬力，概略估算的話，大約可以讓最高速度再提高2～3㎞。

加速度也同樣是在產生最高馬力的轉速域時可以達到最大效果的一種能力，基本上馬力數值越高，越能猛烈地加速衝刺。

所以規格表上的馬力數值可以說是讓一台摩托車的能力上限清楚具現化的一種方式，因為摩托車的引擎屬於內燃機的一種，它的特性是將霧化的燃料與空氣在燃燒室內壓縮後點火，透過曲軸把爆炸的能量轉化成迴轉力，然後持續重複上述動作來帶動摩托車前進，這就是為什麼轉速越高能能量越大的原因。

但是如果在上坡時，因為重力的影響無法讓轉速達到可以發揮最大輸出的轉速域時，就算摩托車擁有再大的馬力也都無法完整發揮出來。

在此時登場的就是扭力了，為了防止在點火的間隔中動力被中斷，會在引擎的曲軸上加裝飛輪，利用慣性力讓整體的旋轉動作更平順，如果加強扭力的話，就能彌補進檔等轉速下降的瞬間到開始加速之間的動力空窗期，使整體運轉更平穩。

而且引擎的扭力較大的話，在低轉速域時一口氣將油門關閉後再度打開的狀況下，加速的反應就會比較平穩順暢，以前我們會稱之為有黏性的引擎，但現在因為

**兩者發揮能力的場合不同**

超跑的馬力雖然極高，但扭力輸出卻不利於騎乘旅遊，在一般道路上多半使用中低轉速域，扭力越大操控起來越輕鬆，在山路中必須用著中轉速域連續攻略彎道的時候，馬力大的超跑也是有可能會落後的。

**竟然在 2750rpm 就能發揮出最大扭力**

148ps ／ 5750rpm

22.5 kg -m ／ 2750rpm

擁有世界量產摩托車最大排氣量的 2294 cc水冷直列三缸引擎，強大的扭力讓 0 ～ 100 km／ h 的加速度只要 2.8 秒

**短行程的引擎也能產生大扭力**

195hp ／ 10750rpm

13.5 kg -m ／ 9000rpm

一直以來對於短行程的既定印象就是扭力輸出較差，但滿載著最新技術的新款 Panigale 可以產生最高 13.5 kg -m 的強大扭力

# A 兩者發揮能力的場合不同

點火方式和曲軸間的配置方式不同，單純叫做有黏性好像已經無法正確比喻了。

在以前只有行程較長的引擎才有較佳的扭力輸出，短行程的引擎則比較薄弱，兩者涇渭分明，但現在因為連結活塞與曲軸的連桿長度與重量，以及曲軸銷與曲軸臂之間的關係等各式各樣可以增加扭力的設計，讓短行程的引擎也能產生扭力了。

不過轉速上升扭力也幾乎不會增加，這一點我想各位讀者已經知道了，任何引擎的扭力輸出都有在中轉速域時最平穩的特性，但是如果沒有扭力的話，引擎就只能在諸多限制條件下才能發揮性能（例如可以確實將轉速提升到最佳輸出域的平面道路），無法適應各種道路狀況。

## 扭力有助於低速操駕

因此如果是以騎乘旅遊為前提在選擇摩托車的話，比起最高馬力更應該重視扭力輸出，如果仔細觀察扭力的輸出曲線圖，可以發現有的引擎在低轉速域時就能發揮出80%的扭力，那麼這台車一定有著騎乘時不用小心翼翼，操控輕鬆簡單的特性，這種摩托車在山路中用著中轉速域連續攻略彎道時，可是有著海放超跑，讓他只能看著車尾燈的潛力。

沒錯，事實上在一般道路上騎乘時，扭力才是對實際騎乘有「幫助」的能力，選購摩托車時更應該多加注意。

# Q 滿載電子裝置的新車逐年增加會不會降低操駕樂趣呢？

上次看到關於 YAMAHA 最新款 YZF-R1 的介紹，整台車感覺都電子化了但是什麼動作都靠電子裝置介入管理的話會不會降低操控樂趣？

## 絕對有其樂趣

關於這位讀者的心情，我相當可以感同身受，從頭到尾都靠電腦來控制管理的話，就會讓騎士覺得可以操作的範圍越來越小，而且老實說摩托車本來就只是引擎、車身加上輪胎這種單純的構造，靠人類自身的能力來操控才有趣，事實上我也覺得最純粹的駕馭樂趣應該是這樣沒錯。

而且其實我也常聽到這種意見，尤其是當知道我有在參加古董車大賽之後，常常會被問到類似的問題。

當然，享受騎乘樂趣的方式百百種，以時速 60 公里左右慢慢行駛，聽著引擎的奏鳴，對於完全不依靠電腦，覺得低科技的摩托車才有趣的人，我也覺得是相當舒服的重機體驗，我絲毫沒有任何意見。

只不過電子裝置也有很多種類和功用。

以 1980 年代時將化油器車款逐漸改成電子燃油噴射系統（以下簡稱 FI）為例子，FI 化之後，就算在低轉速域時一口氣轉開油門，電腦也會自動調整燃油的噴霧化和空氣的吸入量，供給引擎最適合當下情況的混和油氣比例，如果在以前用這種粗暴的操作時，引擎就會陷入一瞬間沒有動力無法加速的狀態，所以 FI 化可用以輔助減少上述情況發生，除了油氣比例之外，還能調整點火時機，這些進步與優點都要多虧了電子化。

可是在準備全面導入時，有趣的是明明有正確操作就可以在低轉速域獲得強勁輸出的優點，卻還是出現了這樣會喪失操駕的醍醐味等等反對聲浪。

但是因為環保的關係，廢氣排放的限制越來越嚴，FI 化已經是無法避免的趨勢了，然後再回過頭來看看現在的情況，因為可以在低轉

### 滿載日本車廠最新科技

滿載各種最先進電子裝置技術登場的就是 YAMAHA 的 YZF-R1M，現在也是以最先進超跑受到關注的一台車款，速度快就甭提了，如何更輕鬆駕馭大排氣量超跑與享受操駕樂趣才是這台車的主要目標。

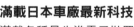

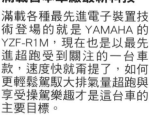

# 實際騎乘過後 應該都不會覺得無聊

A

速域大手油門的緣故，出彎時可以獲得良好的爆發力和驅動力，讓後輪確實咬住路面，除了提高穩定性之外，也有助益增加騎士的自信並享受操駕的醍醐味，這也是為什麼就算在MotoGP的極限世界裡面，持續研發新技術也是至關重要的一個環節。

1983 BMW K100RS

**從電子燃油噴射系統開始踏出電子控制技術的第一步**

BMW 是第一家將配有電子燃油噴射系統的車款送入市場的車廠，K100 除了有電子噴射系統之外，也是第一台搭載 ABS（防鎖死煞車系統）的摩托車款。

那麼將話題再回到最新電子裝置吧，如果在壓車時後輪有打滑的跡象的話，引擎會自動調整輸出來避免發生危險，電子裝置大部分都給人上述這種可以彌補騎士操駕失誤增加容錯率的刻板印象，但是就有人會跳出來說一般道路上又不需要這麼強大的馬力，而且電子裝置又會有阻礙技術進步的疑慮等等意見，如果要細談這些問題的話，就必須探討超跑的存在價值，所以不在這個單元裡討論，不過電子裝置其實是為了能更深入享受騎乘操駕的樂趣而開發，甚至可以讓引擎與懸吊系統直接連動，讓騎乘更順暢。

**電子裝置持續進化 可調整項目越來越細**

如何讓大馬力畫的超跑更好操駕已經是現在的課題，電子裝置的技術早已超越了「安全裝置」的領域，現在已經進化成可以積極享受運動操駕樂趣的必需品了

不實際騎看看根本不能體會，在YAMAHA請我試乘最新YZF-R1M後，我的看法就改觀了。

騎乘的時候並沒有任何地方覺得電腦管東管西、綁手綁腳，可以完全專心於運動操駕上，在某些應該會感到壓力的場合下，需要改變身體動作才能順利通過的場合也減少了，電腦都在恰當的時機介入，後輪循跡力與引擎動力間的傳導非常流暢，操作煞車時前叉也能忠實回饋路面情況給騎士知道，這些新的電子裝置其實完美地讓騎士在駕馭時更加安心，我想應該不會有騎士在操駕的時候腦袋會有「這樣子不會很無聊嗎？」的想法，整段試乘完全沒有冷場的時間，也讓我一掃過多的電子系統會降低操駕樂趣的疑慮。

不過當然騎士必須擔起責任依照自己的騎乘年資與技術和因應各種狀況調整設定，而且電子系統也無法掩護進彎速度過快等等騎士過於無謀的操駕失誤。

無論電子裝置進化到什麼程度，只要一跨上車輛，所有操作的風險都要靠騎士來承擔，也是騎士個人的責任，這個基本可是不會變的，各位在享受操駕樂趣時，也請不要忘了這件事情。

# 最近只要騎車就會腰疼難耐 有沒有好的解決辦法呢？

**最近車只要一騎久腰就會開始痛 一直擔心再這樣下去會不會無法騎乘旅遊了 如果有好的建議請一定要教教我**

## 改變騎姿和使用裝備

中年以上的騎士常常會陷入痛楚的漩渦，長時間行駛時會慢慢感到疼痛，或是偶爾會刺痛一下，不管任何人都會在意未來會不會更加嚴重，導致無法騎車。

然而因為隨著年齡增加，就算不騎車，脊椎也會慢慢退化而難以負荷體重，我想這個誰都無法避免，與其逃避不如正視這個問題吧。

就連我有的時候也會覺得再這樣痛下去會不會出大問題，但因為之前比賽的關係，常常有骨折的經驗，再加上骨科醫師也會教導怎麼保養復健，為了能一直騎車，自己也會比較小心翼翼，而且誰都知道摩托車的騎乘姿勢是造成腰痛的元凶，所以在平常時也盡量做一些不會對脊椎造成負擔的運動，例如游泳，或是不要長時間維持同樣的姿勢不動，另外好好鍛練背肌也是不錯的方法。

雖然像這樣子的預防措施也很重要，但重點還是在騎乘時的姿勢正不正確，如果騎車時是利用腰部來承載所有上半身的重量，讓路面回饋的衝擊全部集中在腰部的話就不太好，但在騎車時腰部多多少少也還是會受到衝擊，所以只要跨上愛車就要有背負風險的心理準備。

如果背肌又過度伸直，或是整個反弓起來讓兩臂打直壓著龍頭來支撐上半身的話，最容易引發腰痛，這點還請注意。

基本上如果縮小腹，把背像貓一項拱起，雖然就醫生看來一樣會對腰造成負擔，但就我的經驗而言，長時間騎乘時這樣子比較不會痛。

改變日常生活習慣，提醒自己維持正確的姿勢騎乘摩托車才是減緩疼痛的不二法門。

**如果能正確維持姿勢可以減輕疲勞**

在本雜誌的刊頭特輯也常常介紹的騎乘基本姿勢，可以降低騎乘時的疲勞，無論是外套或是連身騎士服，只要穿上脊椎護甲，輔助腰部彎曲的話應該可以減少對腰部的負擔。

### 堅硬的脊椎護甲對於減輕疲勞也有顯著成效

1990 年代開始在一般公路行駛的騎士也慢慢開始穿戴的硬質脊椎護甲，除了安全性以外，也有助於減緩疲勞的效果，比較推薦附有腰帶的款式。

### 縮小腹向後就坐

用著把肚臍內吸的感覺縮小腹彎曲腰部，並把背部向貓一樣拱起，這種姿是比較不容易讓腰部產生疼痛，而且對於用下半身夾住車身穩定身體來說也是不可或缺的姿勢。

# A 穿上堅硬的脊椎護甲有意想不到的好處

還有一樣很值得推薦的就是保護脊椎的龜背，而且記得不要選軟的，像是盔甲一樣一片一片嵌在一起可以活動的款式才有效果，這種較硬的脊椎護甲不管是外套的款式也好，或是連身賽車服的款式也好，除了支撐脊椎達到輔助的作用以外，也能讓幫助維持較為前傾的貓背姿勢，這個效果比想像中的還好，可以感到痛楚漸漸地舒緩。

而且脊椎護甲還能在不小心轉倒時保護脊椎和腰部，減少因為車禍導致下半身不遂的憾事，我覺得是和安全帽一樣重要的護具之一，我在很久之前因為轉倒撞傷胸部，所以自那時候起就養成了穿戴護具的習慣了。

如果想要防止腰痛，也為了可以延長重機人生，每一次騎車時還是都不厭其煩地穿上背部和胸部的護甲吧。

就算在夏天比較炎熱的季節，最新款的護甲其實意外地通風良好，反而會有風通過護甲與身體之間的空隙，雖然看起來好像很熱，但其實相反地非常涼爽，請一定要先試看看。

# 雙缸車和四缸車究竟要怎麼選擇呢？

**終於如願考取大型重機駕照，現在正在思考要買什麼車令人煩惱的是要選擇趣味性較高的雙缸引擎車款還是擁有各種最新技術的四缸引擎車款？**

## 各有不同的樂趣

想要在考到駕照前就騎過不少車，還能下定決心要買哪一台的人應該不多，好不容易考到駕照後，除了期待購車的喜悅外，要買什麼車款想必也是經過一番掙扎猶豫的時間吧。

尤其是終於可以騎到公升級重機，心情想必是非常興奮的，但經過一番調查發現市面上有太多車款，心情就會搖擺不定難以下定決心，我也時常耳聞這種事情，不過我覺得其實就靠直覺來選購第一台車就好了，然後累積騎乘經驗，再慢慢換乘其他車款也是種提高騎乘樂趣、維持新鮮感的方式，但我也能理解只靠想像來選車多少會有些不安，在入門處猶豫時也希望有人能給點建議。

用趣味性較高和擁有各種最新技術及高性能來區別雙缸車和四缸車的差異，雖然是沒什麼太大的問題，不過趣味性較高有時也代表比較不適合初學者，性能這種數值如果沒拉轉到可以激發出最大馬力的轉速域時也無法體會，所以買車前可以先想想使用的方式，騎出去旅遊是必然的，但要思考的是喜歡走長距離旅遊還是在附近晃晃？或是想要體會過彎的醍醐味？這些事情再買車前都請先想清楚再做決定。

休旅車款、騎姿直立的街車、戰鬥風格濃厚的跑車，每種車款都有為了其用途而特別加強的地方，這些建議可以在事前先研究清楚，可以到有實車展示的旗艦店請店裡的工作人員詳細說明整台車的機能，這樣可以得到原本所不知道的知識和重新認識有興趣的車款，再配合自己的用途來交叉比對，想必總有一天會和自己的愛車相逢。

基本上，雙缸車款的醍醐味在於低速時的操駕輕

**雖然差異不明顯但騎乘感觸一定有差**

雖然說差異越來越不明顯，但因為引擎的大小和轉速的不同，試乘之後一定可以感覺到其中的差異，然後再順著自己的心意來挑選，絕對可以買到屬於自己的愛車！

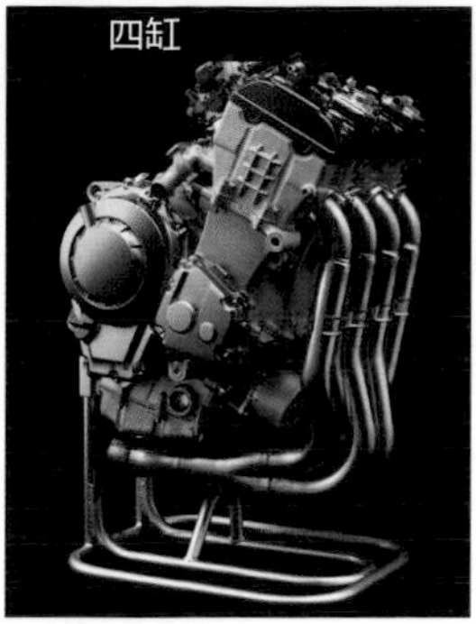

雙缸

### 高趣味性的雙缸車 高性能的四缸車

低速時操駕較為容易是雙缸車的醍醐味，四缸車則是性能與穩定的代名詞，現在這兩種車款間的差異跟以前是沒什麼太大的差別，但隨著電子裝置的進化，兩者間的差異越來越難分別了！

### 電控系統的進化 縮短兩者間的差異

現在最新的超跑所搭載的電控系統越來越先進，因此雙缸車和四缸車間的差異越來越不明顯，相反的沒有搭載電控系統的車款差異就會比較顯著。

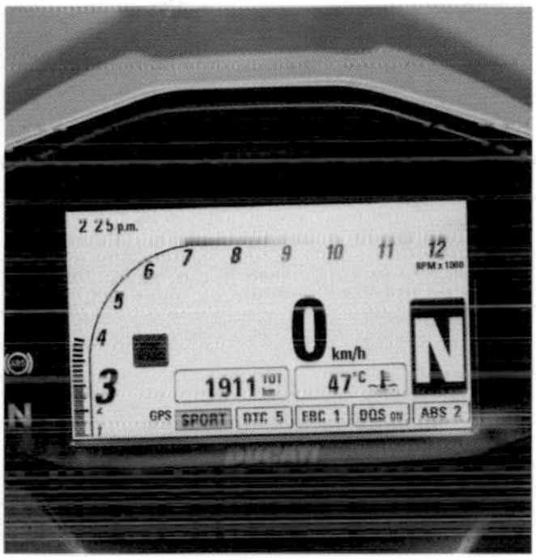


# A 引擎大小和點火次數會左右騎乘時的感受

鬆寫意，當然也還是有雙缸超跑車款，在低速行駛時就需要靠騎士配合才能保持平衡，有的時候甚至比四缸車還需要多花點心思才能操駕，還希望騎士先有這點覺悟。

四缸車雖然是好像是高性能引擎的代名詞，但目前得最新車款在中低速域的操駕簡易度已經不輸給雙缸車款了，低中速域時引擎反應的靈敏度甚至還凌駕於雙缸車之上，加上因為引擎結構與車身大小的關係，穩定性高，較不容易搖晃，在還不習慣重機前可以說是有非常好的幫助。

不過現在因為電控系統的發達，已經可以靠電子裝置來自由控制雙缸車與四缸車的特性差異，應該不會像以前那涇渭分明了，但因為點火次數和引擎大小本來就有差，結果上一定會左右操駕感受。

所以一定還是需要藉著試乘來實際體會兩者之間有多大的不同，將這種感受搭配一開始所說的車款差異來一起考慮的話，自然會找出最適合自己的愛車，雜誌雖然做了許多對決評比和試乘的單元，但最後絕對還是要靠自己與身體的感覺來確定喜好才是。

# 現在的 MotoGP 看起來相當熱鬧 1970 年代時又是什麼樣的氣氛呢？

**現在 MotoGP 的參賽車輛與隊伍已經有了相當大的規模我覺得和以前 WGP 時期的氣氛好像完全不一樣根本先生可以分享一下以前的 WGP 到底有什麼樣的感覺嗎？**

## 氣氛歡樂融洽

1960 年代時日本車廠為了追求更高轉速高馬力的引擎，而將雙缸車的研發逐漸轉向五缸車、六缸車等多汽缸化，進而如怒濤一般地席捲全世界奪得王者的時代，1970 年代就接續在這個輝煌戰績之後，也是這個時代的背景。

那時候雖然每個人都喜歡結構精密、先進的 GP 廠車，但為了不要讓廠車獨霸天下，變成只是少數幾個人爭冠的局面讓觀眾喪失興趣，大會開始限制引擎的汽缸數與變速箱最高只能到 14 檔，對於日本車廠來說，WGP 間接失去了賽道實驗室的功用，因此一間一間撤出比賽，結果讓市售跑車經過高度改裝調教後也有一戰之力，騎士們一樣騎著這些車輛持續在場上比賽，幾乎是每個出戰的車手都有機會奪冠，可以說是一個群雄割據的時代，觀眾人數也有高達 10 萬人，不輸現在的 MotoGP。

而且因為多為私人參加比賽，所以運送車子的貨車與拿來休息用的露營車幾乎一樣多，而且雖然在場上是為了百分之一秒在競爭的對手，可是因為大家都在同一個區域休息，在同一個環境共患難，所以整體而言像是一個大團體，也相當注重情報交換，就算彼此間國籍不同，感情還是相當緊密，像是一個大家族。

就因為是以市售車改裝後為主的比賽，美國的騎士也開始以 WGP 為目標參戰，像這樣子無論是誰都可以參戰的感覺可是其他時代所無法想像的。

雖然中途廠車又再度復活，但因為規定限制的關係並不會與其他參賽者有太大的差距，反而是隨時

**比起現在陣容豪華的 MotoGP 以前的規模不可同日而語**

和 1970 年代時大部分都是私人車隊參戰不同，現在的 MotoGP 好像不管做甚麼都需要大規模，私人車隊已經失去了立足空間，無法插手於已經體制化的賽車世界了。

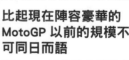

**1970年代時還會在公路上舉行比賽**

過去的WGP也曾經有在一般公路上舉行過比賽，照片裡是芬蘭的伊馬特拉（Imatra），觀眾直接站在路旁就近觀戰，對於現在來說應該是不太可能出現的場面了。

**傳說中的騎士也會以私人名義參戰**

廠隊撤出比賽的這個時期，個體戶車手當道並活躍於賽道上，之後被稱之為傳說的Barry Sheene（左）也以私人名義騎著市售改裝車參戰過。

## A 以私人車隊為主 國籍不同卻好像大家族

都能調教改裝的私人車隊更能隨機應變而有比較好的成績。

於是在這種環境下就孕育出許多人才，例如義大利的BIMOTA，還有支撐起廠隊的工程師、技師和經理，現在還在賽道上大放異彩的Valentino Rossi，其父也是在這個時代一起奮鬥的夥伴，他對摩托車的知識可不是普通的半調子，因為開發行程較快的關係，每個週末又還要跑到某個國際賽道參加比賽，有一陣子可以說是行程滿檔每天都在趕場。

那個時代的榮耀簡單來說是就算大型車廠不再參加比賽，身為騎士的我們也不會因此垂頭喪氣，就算發生許多事情無法再騎廠車了，也不會有騎士就要因此退出比賽，不管發生什麼情況，大家只要為了能繼續下場享受比賽的樂趣，好像什麼問題都能迎刃而解。

所以某整層面上我覺得不管是比賽用車的規定和隊伍的體制，比起現在MotoGP給人好像沒有一定的預算規模就無法參戰的印象，以前的體制好像比較健全。Kenny Roberts、Barry Sheene、甚至是Agostini也都毫不猶豫的用市售車來改裝的車輛下場比賽，當時可是聚集了許多傳說中的強者。

這個時代過了以後，接踵而來的是1980年代的仿賽車風潮，然後一直到了現在，雖然說重金打造下也是有不小的看頭，但我漸漸覺得好像不太能再像獲得那麼廣泛族群的關注了。

流行騎士系列叢書

# 高手過招
# 重機疑難雜症諮詢室

作　　者：根本健
譯　　者：陸偉傑、周伯恆、何宥緯、張健鴻
文字編輯：倪世峰
美術編輯：陳柏翰、李秀玲

發 行 人：王淑媚
出版發行：菁華出版社
地　　址：台北市 106 延吉街 233 巷 3 號 6 樓
電　　話：(02)2703-6108
社　　長：陳又新
發 行 部：黃清泰
訂購電話：(02)2703-6108#230
劃撥帳號：11558748

印　　刷：科樂印刷事業股份有限公司
　　　　　(02)2223-5783
http://www.kolor.com.tw/site/

定　　價：新台幣 350 元
版　　次：2017 年 7 月初版

ISBN：978-957-99315-7-1
Printed in Taiwan

TOP RIDER

流行騎士系列叢書